Richtig planen, durchführen, dokumentieren

TÜV Media

Managementreview zur ISO/IEC 27001 im IMS

Autor:

Dr.-Ing. Wolfgang Kallmeyer
Partner der TÜV Rheinland Consulting GmbH

Bibliografische Informationen der Deutschen Nationalbibliothek
Die Deutsche Nationalbibliothek verzeichnet diese Publikation in der Deutschen Nationalbibliografie. Detaillierte bibliografische Daten sind im Internet über http://dnb.d-nb.de abrufbar.

ISBN 978-3-7406-0918-4 (Print)
ISBN 978-3-7406-0919-1 (E-Book)

Aus Gründen der besseren Lesbarkeit wird auf die gleichzeitige Verwendung der Sprachformen männlich, weiblich und divers (m/w/d) verzichtet. Sämtliche Personenbezeichnungen gelten in der Regel gleichermaßen für alle Geschlechter.

Über die Broschüre

Zielsetzung

Die Managementbewertung gehört zur alltäglichen Praxis für alle Organisationen, die ein zertifiziertes Managementsystem unterhalten. In dieser Broschüre erhalten Sie einleitende Informationen, auf welcher Grundlage die Managementbewertungen nach ISO/IEC 27001:2022 – Informationssicherheitsmanagementsystem (ISMS) [1] beruhen und welche normativen Anforderungen dabei zu berücksichtigen sind.

Im Kern der Broschüre erfahren Sie, wie Sie eine normenkonforme und strukturell übersichtliche Managementbewertung zur ISO/IEC 27001 durchführen können, was Inhalte der dokumentierten Bewertung sein müssen und was ggf. in andere begleitende Dokumente (Anlagen) ausgelagert werden kann.

Sie erhalten auch ergänzende Hinweise, wie Sie die Managementbewertung zum ISMS integrativ mit anderen ISO-Normen verbinden können. Als Beispiel wird dabei ein integriertes Managementsystem (IMS) nach ISO 9001 [2], ISO 14001 [3] und ISO 45001 [4] und deren Managementreview herangezogen. Dabei wird gezeigt, wie vergleichbare Forderungen integrativ bearbeitet werden können, um Redundanzen zu vermeiden und das gemeinsame Review im Umfang auf das Notwendigste zu beschränken.

Außerdem erhalten Sie eine Anleitung, in welchen Schritten und mit welchen Methoden Sie die Managementbewertung in der Praxis gestalten können. Auch werden die Freiräume beschrieben, die Sie haben, um dabei den Bedürfnissen ihrer Organisation gerecht zu werden. Der Umgang mit der Managementbewertung im Nachgang ist ebenso Thema, damit Ihre Organisation daraus den größtmöglichen Nutzen ziehen kann.

Im Ergebnis erfahren Sie, wie Sie aus einer (ungeliebten) Pflicht ein übersichtliches und akzeptiertes Führungsinstrument machen können.

Arbeitshilfen zum Download

Die im Text angeführten Klammersymbole verweisen auf Arbeitshilfen, die Sie bei der Erstellung und Dokumentation des Managementreviews unterstützen und die wir für Sie zum Download bereitgestellt haben. Sie können die Dokumente frei bearbeiten und an Ihre eigenen betrieblichen Anforderungen anpassen.

Verweismatrix Forderungen an die Managementbewertung

Verweismatrix.xlsx

Drei Managementsysteme (ISO 9001/ISO 14001/ISO 45001) bilden die Grundlage für das Managementreview des IMS in das das Review der ISO/IEC 27001 integriert wird. Dabei erheben die vier Normen nur auf den ersten Blick gemeinsame Forderungen bezüglich des Managementreviews. Bei genauer Analyse unterscheiden sich, neben vielen Gemeinsamkeiten, die Forderungen der spezifischen Managementsysteme in einigen Punkten. Eine detaillierte Gegenüberstellung der Anforderungen gibt die Verweismatrix zur Managementbewertung.

Matrix Datenquellenplan

Datenquellen.xlsx

Um die Datenerfassung für das Managementreview übersichtlicher zu gestalten, ist es hilfreich, eine Matrix zu erstellen, aus der die Details der zu erfassenden Daten ersichtlich werden. Dazu gehören Datenquellen, Art der Daten, Verantwortlicher für die Erfassung, Aufbereitung und Bereitstellung

[1] DIN EN ISO/IEC 27001:2024 – Informationssicherheit, Cybersicherheit und Datenschutz – Informationssicherheitsmanagementsysteme – Anforderungen (ISO/IEC 27001:2022)

[2] DIN EN ISO 9001:2015 – Qualitätsmanagementsysteme – Anforderungen (ISO 9001:2015)

[3] DIN EN ISO 14001:2015 – Umweltmanagementsysteme – Anforderungen mit Anleitung zur Anwendung (ISO 14001:2015)

[4] DIN EN ISO 45001:2018 – Managementsystem für Sicherheit, Gesundheit bei der Arbeit – Anforderungen mit Anleitung zur Anwendung (ISO 45001:2018)

der Daten, Zeitpunkt(e) der Bereitstellung der Daten. Die Arbeitshilfe bietet dazu eine erprobte Vorlage.

Management-review.docx

Vorlage Managementreview – Word

Für die Art der Darstellung des Protokolls zum Managementreview gibt es keine Normenvorgaben. In der Praxis eingebürgert haben sich zwei Formen, die sich gängiger Microsoft-Office-Programme bedienen (Word und PowerPoint). Diese in der Broschüre vorgestellten Formen des Musterreviews eines fiktiven Unternehmens unterscheiden sich inhaltlich nicht. Sie haben jedoch aufgrund ihrer Darstellungsweise spezifische Vor- und Nachteile. Überwiegend wird das Managementreview in der hier zum Download angebotenen klassischen Form eines Word-Dokuments erstellt. Der Vorteil dieser Vorgehensweise besteht darin, dass die meisten Anwender in der Nutzung einer Textverarbeitung geübt sind.

Management-review.pptx

Vorlage Managementreview – PowerPoint

Für die Art der Darstellung des Protokolls zum Managementreview gibt es keine Normenvorgaben. In der Praxis eingebürgert haben sich zwei Formen, die sich gängiger Microsoft-Office-Programme bedienen (Word und PowerPoint). Diese in der Broschüre vorgestellten Formen des Musterreviews eines fiktiven Unternehmens unterscheiden sich inhaltlich nicht. Sie haben jedoch aufgrund ihrer Darstellungsweise spezifische Vor- und Nachteile. Zunehmend wird neben Word in der Praxis das Review in der hier zum Download angebotenen Form einer PowerPoint-Präsentation erstellt. Das hat den Vorteil, dass die Ergebnisse des Reviews für Präsentationen direkt geeignet sind. Aufgrund der Folienstruktur können Themen der Bewertung auch übersichtlich voneinander abgegrenzt werden.

Maßnahmenplan.xlsx

Maßnahmenplan zum Managementreview

Die im Managementreview beschlossenen ISMS-Ziele und Maßnahmen können gemeinsam mit den Zielen und Maßnahmen der drei anderen Systeme des IMS im Protokoll des Managementreviews dokumentiert werden. Um das Review vom Umfang her weiter zu begrenzen, kann die Dokumentation von Zielen und Maßnahmen in separaten Anhängen zum Protokoll erfolgen. Ein Muster eines solchen vom Managementreview losgelösten Maßnahmenplans, das Sie an Ihre Bedürfnisse anpassen können, haben wir als Excel-Dokument beigefügt.

Download

Die Arbeitshilfen stehen für Sie zum Download bereit unter:

qm-aktuell.de/60918-2/

Passwort: **24226**

Sie können die Dokumente frei bearbeiten und an Ihre eigenen betrieblichen Anforderungen anpassen.

Inhalt

1 Zielstellungen des Managementreviews

1.1 Normenanforderung an das Managementreview

Managementbewertung

Die Managementbewertung nach Normkapitel 9.3 ist eine Anforderung der ISO bei all jenen Managementsystemnormen, die Grundlage einer externen Zertifizierung sind, so auch für die ISO/IEC 27001. Im Allgemeinen wird sie in vielen Organisationen auch als Managementreview bezeichnet. Diese Bezeichnung wird im Folgenden hauptsächlich verwendet, da sie sich in der Praxis eingebürgert hat. Der Begriff „Review" steht für eine kritische Überprüfung oder Nachprüfung der Leistung und Wirksamkeit des betrachteten Managementsystems und der darin eingebetteten Organisationsprozesse.

Grundanforderungen

Was sind die Grundanforderungen der ISO/IEC 27001 – Informationssicherheit, Cybersicherheit und Schutz der Privatsphäre (ISMS) an das Managementreview? Die Formulierung zum Normkapitel 9.3 „Managementbewertung" lautet unter 9.3.1 „Allgemeines": *„Die oberste Leitung muss das Informationssicherheitsmanagementsystem der Organisation in geplanten Abständen bewerten, um dessen fortlaufende Eignung, Angemessenheit und Wirksamkeit sicherzustellen."*

Oberste Leitung

Wenn man diesen Satz in seinen Teilen analysiert, stellt sich zuerst die Frage, wer mit der obersten Leitung gemeint ist. Dazu gibt die ISO/IEC 27001 keine Hinweise. Aber im Leitfaden ISO 9000:2015 „Qualitätsmanagementsysteme – Grundlagen und Begriffe" steht im Normkapitel 3 „Begriffe" eine Definition unter 3.1.1. Als oberste Leitung wird dort definiert *„die Person oder Personengruppe, die eine Organisation auf oberster Ebene führt und steuert".* Dabei gibt es in der Praxis schon Unterschiede in der Leitungsorganisation, die sich z. B. aus der Organisationsgröße und -struktur ergeben. In einem mittelständischen Unternehmen mit nur einem Standort ist die Frage nach der obersten Leitung wohl meist einfach zu beantworten. Es ist der Geschäftsführer oder bei einer mehrköpfigen Unternehmensleitung die Geschäftsführung.

Komplexe Unternehmensstrukturen

Bei einem weltumspannenden Konzern mit Tochtergesellschaften und Standorten in vielen Ländern ist die Antwort auf die Frage nach der obersten Leitung schon etwas komplexer. In der Praxis geht man dazu auf die nationalen Gesellschaften und deren Führung als oberste Leitung zurück. Im Einzelfall kann bei größeren Standorten (unselbstständige Werke einer nationalen Gesellschaft) als oberste Leitung auch die Werksleitung aufgefasst werden. Besteht die oberste Leitung aus mehr als einer Person (Führungsgremium), sollte die Verantwortung für das ISMS explizit (z. B. im Geschäftsverteilungsplan) auf eine davon übertragen werden. Gleiches gilt für die weiteren Normen des IMS.

Geplante Abstände

Als Nächstes ist der Begriff „geplante Abstände" im Sinne der Normen zu klären. Die Wortwahl weist auf eine regelmäßig wiederkehrende Aktion der obersten Leitung hin. Zur Klärung dieser Frage ist die gelebte Praxis heranzuziehen. Der maximale Abstand zwischen einem Managementreview und dem nächsten beträgt in der Regel zwölf Monate. Das ergibt sich aus der Pflicht der Zertifizierungsgesellschaften (Vorgabe der Deutschen Akkreditierungsstelle, DAkkS), jährlich ein Überwachungsaudit der zertifizierten Managementsysteme ihrer Kunden vorzunehmen. Zu den wichtigsten Prüfpunkten gehören dabei das zuletzt durchgeführte interne Audit und das aktuelle Managementreview. Zum Zeitpunkt der Prüfung durch den Zertifizierungsauditor sollte das Managementreview nicht älter als drei Monate sein.

Eignung, Angemessenheit und Wirksamkeit

Bleibt als letzter Punkt zu klären, was die Bewertung von Eignung, Angemessenheit und Wirksamkeit des Managementsystems bedeutet. Was genau da zu bewerten ist, findet sich nicht in der ISO/IEC 27001, sondern ist in anderen weit verbreiteten Managementsystemen (Normanhang A, A.9.3, ISO 14001 und ISO 45001) erläutert. Die Aussagen sind auch auf die ISO/IEC 27001 übertragbar. Sie geben an,

Eignung

- inwieweit das spezifische Managementsystem zur Organisation, ihrem Betriebsablauf, ihrer Kultur und dem Geschäftssystem passt,

Angemessenheit

- inwieweit das Managementsystem korrekt verwirklicht wird und

Wirksamkeit

- inwieweit das Managementsystem die beabsichtigten Ergebnisse liefert.

PDCA-Zyklus

Das Managementreview übernimmt auch eine herausragende Funktion im PDCA-Zyklus von William Edwards Deming, bestehend aus den vier Phasen **P**lanen, **D**urchführen, **C**hecken (= Überprüfen) und **A**ktion (= Handeln). Der Phase Check sind die Eingaben des Managementreviews und der Phase Act die Ausgaben zuzuordnen.

Zwei Aufgabenteile

Der operative Teil des Managementreviews besteht aus zwei Teilen mit unterschiedlichen Aufgaben für die oberste Leitung:

1. den Eingaben in die Bewertung (Normkapitel 9.3.2 „Eingaben für die Managementbewertung"), die gemäß ISO/IEC 27001 aus einer Sammlung von wichtigen Leistungsindikatoren bestehen. Dies sind die Zahlen, Daten und Fakten, anhand deren Eignung, Angemessenheit, Wirksamkeit und die weiteren zu bewertenden Faktoren des Managementsystems ermittelt und hinsichtlich der Zielstellung von der obersten Leitung bewertet werden müssen;
2. den Ausgaben der Bewertung (Normkapitel 9.3.3 „Managementbewertungsergebnisse"), also den Schlussfolgerungen, die aus der Bewertung zu ziehen sind, sowie den daraus resultierenden Maßnahmen für die Zukunft, um Eignung, Angemessenheit und Wirksamkeit des Managementsystems zu verbessern.

Die Normenanforderungen in ISO 9001, ISO 14001 und ISO 45001 an das Managementreview sind strukturell vergleichbar mit denen der ISO/IEC 27001. Natürlich gibt es fachspezifische Unterschiede, die der Themenstellung z. B. Qualität oder Umwelt geschuldet sind.

1.2 Managementreview aus Unternehmenssicht

Sinn und Zweck oft unklar

Das Managementreview ist auch heute noch in vielen Unternehmen und Organisationen eher eine ungeliebte Pflicht zur Aufrechterhaltung des Zertifikats. Das liegt daran, dass der tiefere Sinn und Zweck des Managementreviews der Führung oft nicht klar genug ist. Auch die Art der Umsetzung, auf welchen Wegen man also eine solche transparent durchführen kann, ist häufig unklar.

Verifikation

Beim Managementreview handelt sich um eine Überprüfungsmethode, bei der Elemente der Verifikation mit denen der Validierung verknüpft werden. Die Verifikation (Nachweis, dass ein Sachverhalt wahr ist) prüft die Wirksamkeit des Managementsystems und hinterfragt, ob vorgegebene Organisationsziele und Kennzahlen der Unternehmensprozesse den geplanten Vorgaben entsprechen.

Validierung

Die Validierung (etwas auf Gültigkeit prüfen) ermittelt den Sachverhalt der Gebrauchsfähigkeit des Managementsystems, das heißt die Eignung und Angemessenheit im Hinblick auf die Bedürfnisse der Organisation. Eine wesentliche Aussage zur Eignung von Managementsystemen liefert z. B. das geforderte interne und externe Audit.

Das Managementreview ist ein wesentlicher Treiber für den positiven Veränderungsprozess in der Organisation. Das Review kann also mehr sein als ein wiederkehrendes Showprogramm für Zertifizierungsauditoren und andere interessierte Parteien (z. B. Kapitalgeber, Kunden oder Mitarbeiter).

Erfüllen der Rechenschaftspflicht

Die Durchführung der Managementbewertung ist kein Selbstzweck, sondern hat im Kontext aller Forderungen eines Managementsystems eine wesentliche Funktion, nämlich die Pflicht zur Rechenschaft der obersten Leitung (s. Normkapitel 5.1 „Führung und Verpflichtung") über die Leistungsfähigkeit sowie die Funktionstüchtigkeit des ISMS zu erfüllen. Mit der Anforderung an ein Managementreview stehen die oberste Leitung und das Topmanagement in der Pflicht, sich mit den Belangen des ISMS auf der Grundlage von Zahlen, Daten, Fakten auseinanderzusetzen und Entscheidungen zu treffen sowie diese umzusetzen. Vergleichbare Anforderungen stellen auch die ISO 9001, ISO 14001 und ISO 45001 im IMS auf. Die Kernfunktionen des Managementreviews für das Unternehmen zeigt Abbildung 1.

Abb. 1: Funktionen des Managementreviews

Nutzen des Reviews

Das Managementreview hilft der Organisation dabei, Transparenz bei Entscheidungen, Zielen und daraus abgeleiteten Maßnahmen zu schaffen, die zur Leistungsverbesserung der Prozesse der Organisation und des Managementsystems dienen. Außerdem sollen mithilfe des Reviews Fehler im Managementsystem und in den Prozessen der Organisation vermieden oder frühzeitig erkannt werden. Das Review hilft das betriebliche Controlling zu strukturieren und auf das Wesentliche zu fokussieren, was erforderlich ist, um der Leitung die notwendigen Entscheidungsgrundlagen zum Unternehmenserfolg zu liefern. Darüber hinaus kann es einen wertvollen Beitrag dazu leisten, die Einhaltung regulativer Forderungen interessierter Parteien, seien es Gesetzgeber oder Geschäftspartner, abzusichern.

Werkzeug zur Strategieentwicklung

Das Managementreview kann auch ein Werkzeug sein, um die Strategieentwicklung der Organisation zu fördern. Die im Rahmen des Reviews durchzuführende Überprüfung des Kontexts (interne und externe Themen) erfasst die wesentlichen internen und externen Einflussfaktoren wie Kompetenz, Wettbewerb, Ressourcen, technologische Entwicklung, Informationssicherheit, Cloudgefahren und einiges mehr. Veränderungen im Kontext können zu Chancen, aber auch zu Risiken für die Organisation führen, denen über Veränderungen in der Strategie Rechnung getragen werden kann. Solche neuen oder geänderten Strategien unterliegen dann hinsichtlich ihrer Wirksamkeit im nächsten Review der Bewertung durch die oberste Leitung.

1.3 Managementreview aus Zertifizierungssicht

Prüfpunkt bei der Zertifizierung

Der Hauptzeck des Managementreviews ist die interne Sicht der obersten Leitung auf die Wirksamkeit und den Erfolg des implementierten Managementsystems oder der Managementsysteme bei einem IMS. Diese Sichtweise erfasst allerdings nicht alle Anspruchsgruppen bezüglich dieser Normenforderung. In der Regel ist das Managementreview auch ein wesentlicher Prüfpunkt im Rahmen eines Zertifizierungsverfahrens durch eine externe Zertifizierungsgesellschaft. Bei dieser Prüfung bewertet der Zertifizierungsauditor, ob und in welcher Art und Weise die einzelnen Normenforderungen erfüllt sind. Die wesentlichen Leistungsmerkmale des Managementsystems und die Bewertung der Wirksamkeit organisatorischer Lenkungsmaßnahmen sind in zusammengefasster Form dem Managementreview zu entnehmen.

Was erwarten Auditoren?

Somit ist das Managementreview einer der großen Berührungspunkte zwischen der obersten Leitung und den externen Auditoren im Audit. Kann die oberste Leitung aufgrund mangelnder Kenntnis über das Review und dessen Zustandekommen die Erwartungen der Auditoren nicht erfüllen, führt das ggf. zu atmosphärischen Störungen im Audit. Für die Leitung der Organisation ist es daher wichtig, die Erwartungen der Auditoren an das Managementreview zu kennen und bei ihrem Handeln zu berücksichtigen.

Aus Sicht von Zertifizierungsauditoren muss ein Managementreview im Grundsatz formalen, inhaltlichen und nachvollziehbaren Kriterien genügen. Darunter wird verstanden:

Formale Kriterien

- Das Managementreview muss zu jedem Bewertungspunkt eine Feststellung zum Sachverhalt enthalten (z. B. Veränderungen im Kontext mit Auswirkungen auf das betroffene Managementsystem im Zeitraum und wo dokumentiert) und darüber hinaus eine Bewertung bezüglich der Auswirkungen auf die Organisation und wie man damit zukünftig umgehen will – wobei die beschlossenen Maßnahmen der Bedeutung der Änderung angemessen sein sollten.

Inhaltliche Kriterien

- Die relevanten Themen aus Eingaben und Ergebnissen des Managementreviews zur ISO/IEC 27001 (z. B. Ergebnisse interner Audits, Erreichung von Managementsystemzielen) müssen im Review enthalten sein. Reihenfolge und Gliederung der Themen sind durch die Organisation selbst festzulegen, sollten dem Auditor gegenüber aber begründet und erläutert werden können, wofür die von der Norm im Normkapitel 9.3 vorgegebenen Kriterien eine Mindestanforderung sind. Die Organisation muss zusätzliche Bewertungskriterien (z. B. Ressourcen oder Kompetenz) aus anderen Managementsystemen (z. B. ISO 9001 oder ISO 14001) hinzufügen, wenn für das Review ein IMS zu berücksichtigen ist.

Nachvollziehbarkeit der Kriterien

- Die Aussagen zu den formalen Kriterien müssen durch begleitende dokumentierte Informationen schlüssig und nachvollziehbar sein. Bei der Bewertung muss der direkte Bezug zum zugehörigen Sachverhalt gewährleistet sein (z. B. Quellenangabe, Zeitraum). Bei festgelegten Folgemaßnahmen ist der Bezug zur Maßnahmenumsetzung und -verfolgung herzustellen (z. B. Maßnahmenplan 202x). Dieser Maßnahmenplan muss dann auch Verantwortlichkeiten, Termine und andere Lenkungsinformationen enthalten, wie sie von der Norm gefordert oder vom Unternehmen benötigt werden.

1.4 Integration der ISO/IEC 27001 in ein IMS

In der heutigen Zeit setzen die meisten Unternehmen neben einem ISMS nach ISO/IEC 27001 noch weitere Managementsysteme ein; daher stellt sich für die oberste Leitung die Frage, ob für jedes Managementsystem eine eigene Managementbewertung zu erstellen ist. Diese Frage ist eindeutig mit einem Nein zu beantworten. Unternehmen, die ein integriertes Managementsystem, z. B. aus ISO 9001 (Qualität), ISO 14001 (Umwelt) oder ISO 45001 (Arbeits- und Gesundheitsschutz), unterhalten, können natürlich auch das Managementreview integriert erstellen. Hinsichtlich der Anforderungen zu

Normkapitel 9.3.1 „Allgemeines“ haben alle oben genannten Systeme die gleichen Anforderungen.

Unterschiede

Unterschiede gibt es in den Eingaben (Normkapitel 9.3.2) und Ausgaben (Normkapitel 9.3.3) der einzelnen Managementsysteme. Die wesentlichen Kernanforderungen sind aber weitgehend identisch (z. B. Status von Zielen oder vorherigen Managementbewertungen), es kommen aber noch spezifische Eingaben oder Ausgaben für einzelne Managementsysteme hinzu. Damit wird allerdings die Liste der Ein- und Ausgaben um einiges länger, und dann ist eine geschickte Zusammenfassung von Reviewthemen notwendig, um den Umfang des Reviews nicht ausufern zu lassen.

Verweismatrix.xlsx

Wie man methodisch mehrere gängige Managementsysteme (z. B. ISO 9001, ISO 14001 sowie ISO 45001) in einem integrierten Managementreview miteinander verbindet, können Sie der Fachbroschüre „Das integrierte Management-Review“ [5] entnehmen. Die dort beschriebenen Methoden lassen sich auch auf eine zusätzliche Kombination der ISO/IEC 27001 mit den anderen Managementsystemen anwenden. Eine detaillierte Gegenüberstellung der Anforderungen an die Managementbewertung (Normenkapitel 9.3) der hier betrachteten Normen gibt die Verweismatrix zur Managementbewertung.

Vergleichbare Inhalte

Eine der ersten Maßnahmen zur Reduzierung des Reviewumfangs ist die Identifikation der direkt vergleichbaren Normeninhalte in den Forderungen der vier spezifischen Managementsysteme. Darüber hinaus gibt es Forderungen, die für drei Systeme oder nur für zwei Managementsysteme identisch sind. Es bleibt aber auch ein Rest an Forderungen, die spezifisch sind für das Thema einer Norm, sodass keine andere Systemnorm eine vergleichbare Forderung aufstellt.

Unterschiede

Dass es Unterschiede in den Forderungen zum Managementreview in den einzelnen Normen gibt, ist der spezifischen Thematik aber auch dem Umstand geschuldet, dass die ISO 9001 und die ISO 14001 bereits im Jahr 2015, die ISO 45001 im Jahr 2018 und die ISO/IEC 27001 erst im Jahr 2022 erschienen sind. Normentwicklung ist ein stetiger Prozess, und sieben Jahre Erkenntnisse in der Normenanwendung sind ein Zeitraum, der auch den Technischen Komitees der ISO, die für die Normenentwicklung zuständig sind, neue Erkenntnisse bringt, die dann zeitnah in neue oder revidierte Normen einfließen. Eine weitere Harmonisierung der Forderungen innerhalb des Normenkapitels 9.3 „Managementbewertung“ wird sich in zukünftigen Revisionen der Regelwerke wohl fortsetzen.

Überblick in Tabelle 1

Die Tabelle 1 zeigt die Forderungen der drei IMS-Managementsysteme und der ISO/IEC 27001 bei den Eingaben in die Managementbewertung. Im Detail gibt es bei den zu berücksichtigenden Eingaben der spezifischen Systemnormen kleinere Unterschiede. Themen, die alle Systemnormen gleichermaßen berühren, können im Managementreview auch integriert behandelt werden. Wird in drei von vier Systemnormen eine gleichartige Forderung erhoben, ist zu prüfen, ob dieser Punkt auch für die vierte Norm zweckmäßig wäre, z. B. „Angemessenheit von Ressourcen“ auch als Eingangsinformation für die ISO/IEC 27001 heranzuziehen (fehlt dort). Auch im Informationssicherheitsmanagement werden Ressourcen zur Aufrechterhaltung und Weiterentwicklung des Systems benötigt. Gleiches gilt für das Thema „Erfüllung/Einhaltung bindender Verpflichtungen“. Alle Unternehmen und Organisationen, die Produkte herstellen oder Dienstleistungen erbringen sind in irgendeiner Form rechtlichen Vorschriften (z. B. Gesetze, Verordnungen) unterworfen, sei es in Form einer CE-Konformitätserklärung oder des Produktsicherheitsgesetzes und seiner nachgeordneten Verordnungen, die ggf. Genehmigungspflichten für das Inverkehrbringen solcher Produkte begründen. Die Managementsysteme zum Umwelt- und Arbeitsschutz enthalten sehr viele Rechtsvorschrif-

[5] Kallmeyer, Wolfgang: Das integrierte Management-Review. TÜV Media, 2021

ten. Auch in der Informationssicherheit gibt es Rechtsvorschriften wie das IT-Sicherheitsgesetz und weitere gesetzliche Regelwerke. Es gibt eigentlich kein Managementsystem, das völlig ohne Rechtsvorschriften auskommt. Besonders stark von Rechtsvorschriften beeinflusst sind im angenommenen IMS die ISO 14001 (Umwelt) und die ISO 45001 (Arbeitsschutz).

Auch interne und externe Themen sowie der Umgang mit Risiken und Chancen sind in allen vier Normen wesentlicher Bestandteil der geltenden Forderungen und sollten daher im Review auch gemeinsam behandelt werden. Die anderen Eingangsthemen (einfache oder zweifache Nennung) können hinsichtlich einer Ausweitung auf die anderen Managementsysteme durch die Organisation dahin gehend geprüft werden, ob es für die Organisation und deren IMS inkl. ISO/IEC 27001 einen Mehrwert ergibt und welcher Mehraufwand damit verbunden ist. Gibt es keinen erkennbaren Nutzen, so ist im Managementreview dieses Thema als systemspezifisches Einzelthema zu behandeln.

Tabelle 1: Forderungen an die Eingaben des Reviews

Eingaben in die Managementbewertung	9001	14001	45001	27001
• Status von Maßnahmen im Vergleich zur vorherigen Managementbewertung	x	x	x	x
• Möglichkeiten zur fortlaufenden Verbesserung	x	x	x	x
• Angemessenheit von Ressourcen für das Managementsystem	x	x	x	(x)
• Ausmaß, in dem die Managementsystempolitik erfüllt wurde			x	
• Relevante Äußerungen/Kommunikation mit interessierten Parteien (inkl. Beschwerden und Reklamationen)	x	x	x	x
• Veränderungen bei den Managementsystemen bezüglich:				
o externen und internen Themen	x	x	x	x
o Risiken und Chancen	(x)	x	x	
o Erfordernissen und Erwartungen interessierter Parteien (inkl. Kunden)	x	x	x	(x)
o bindender Verpflichtungen [1)]		x	x	
o bedeutender Umweltaspekte		x		
• Informationen über die Leistung, Wirksamkeit und Entwicklung der Managementsysteme bezüglich:				
o Nichtkonformitäten und Korrekturmaßnahmen	x	x	x	x
o Ergebnissen von Überwachungen und Messungen	x	x	x	x
o Auditergebnissen	x	x	x	x
o Erfüllung/Einhaltung bindender Verpflichtung	(x)	x	x	(x)
o des Umfangs in dem Ziele erfüllt wurden	x	x	x	x
o Risiken und Chancen	x	x	x	
o Kundenzufriedenheit	x			
o Prozessleistung und Konformität von Produkten/Dienstleistungen	x			
o Leistung externer Anbieter	x			
o Vorfällen und fortlaufender Verbesserung			x	
o Konsultation und Beteiligung von Beschäftigten			x	
o Ergebnissen der Risikobeurteilung und des Status des Plans für die Risikobehandlung				x

1) bindende Verpflichtungen = rechtliche und sonstige Anforderungen
(x) ggf. auch auf diese spezifische Norm anwendbar

Die Tabelle 2 zeigt die Forderungen bei den Ausgaben aus der Managementbewertung der drei IMS-Managementsysteme und der ISO/IEC 27001.

Tabelle 2: Forderungen an die Ausgaben des Reviews

Ausgaben aus Managementbewertung	9001	14001	45001	27001
• Möglichkeiten/Entscheidungen zur fortlaufenden Verbesserung	x	x	x	x
• Änderungsbedarf am Managementsystem (z. B. Geltungsbereich, Politik, Ziele (inkl. Aktionspläne), Kennzahlen, Ausgangsbasis)	x	x	x	x
• Bedarf an erforderlichen Ressourcen	x	x	x	(x)
• Maßnahmen bei der Nichterreichung von Zielen falls erforderlich[2)]	(x)	x	x	(x)
• Möglichkeiten, die Integration des Managementsystems mit anderen Geschäftsprozessen zu verbessern	(x)	x	x	(x)
• Schlussfolgerungen zur fortdauernden Eignung, Angemessenheit und Wirksamkeit des Managementsystems		x	x	
• Auswirkungen auf die strategische Ausrichtung der Organisation		x	x	

2) ISO 45001 – Maßnahmen sind nicht auf die Nichterreichung von Zielen beschränkt.
(x) ggf. auch auf diese spezifische Norm anwendbar

Gemeinsamkeiten

Wie bei den Eingaben gibt es auch bei den Ausgaben in der Managementbewertung Themen, die allen drei Systemen des IMS inkl. ISO/IEC 27001 gemeinsam sind. Bei den Themen „Maßnahmen bei der Nichterreichung von Zielen" und „Integration des Managementsystems in die Geschäftsprozesse" fehlen in der ISO 9001 entsprechende Forderungen. In beiden Fällen wäre eine Aussage im Ergebnis des Managementreviews des IMS auch zum QMS nach ISO 9001 an dieser Stelle zweckmäßig. Auch der Bedarf an Ressourcen ist auf die ISO/IEC 27001 wie auf jedes andere Managementsystem anzuwenden. Ohne Mittel kann kein Managementsystem funktionieren.

Die letzten beiden Punkte in Tabelle 2 sind von den Themen her zwar nur in zwei Normen gefordert, aber inhaltlich auch auf alle drei Normen des IMS inkl. ISMS anwendbar. Über die Anwendung dieser Reviewanforderungen für alle vier betrachteten Systeme kann der Nutzer auf der Grundlage von Zweckmäßigkeit selbst entscheiden. Dabei sollte berücksichtigt werden, dass es für den Nutzen eines Managementsystems entscheidend ist, dass es geeignet, angemessen und vor allen Dingen wirksam ist. Nicht zu leugnen ist auch, dass ein aktives Managementsystem immer auf die Strategie eines Unternehmens, zumindest partiell, Einfluss nimmt.

2 Vorbereitung des Managementreviews

2.1 Umfang des Managementreviews

Anleitung zur Anwendung der Norm(en)

In der ISO/IEC 27001 gibt es im Normentext keine Hinweise dazu, wie und in welchem Umfang das Managementreview durchzuführen ist. In anderen Managementsystemnormen der ISO (z. B. ISO 14001 und ISO 45001) gibt es dazu im informativen Normanhang A (Anleitung zur Anwendung) Hinweise und Hilfestellung, wie man das Managementreview normenkonform umsetzen kann. Die Aussagen der oben genannten Normen lassen sich hinsichtlich ihrer Anwendbarkeit auch auf die ISO/IEC 27001 (inkl. ISO 9001) übertragen.

Quintessenz

Zusammenfassend lassen sich aus den Aussagen in den Anhängen der beiden Normen für das Managementreview folgende Schlussfolgerungen ableiten:

- Das Managementreview ist ein zusammenfassender Überblick über die wesentlichen Leistungen und die Wirksamkeit des betrachteten Managementsystems.
- Die Themen und die Bewertung können über einen längeren Zeitraum verteilt bearbeitet werden.
- Zur Bewertung können auch vorhandene Managementinstrumente (z. B. Führungskräftemeetings) genutzt werden.
- Wesentliche Äußerungen interessierter Parteien sind als Verbesserungspotenzial in die Bewertung einzubeziehen.
- Die Bewertungsergebnisse des Reviews sollten als Input für die Verbesserung der Leistung des Managementsystems genutzt werden.
- Die Eingaben in die Managementbewertung sollten hinsichtlich ihrer Bedeutung für die Organisation gewichtet werden, um eine adäquate Behandlung in der Bewertung zu ermöglichen.

Die bestehenden Erläuterungen in den Anhängen der Normen ISO 14001 und ISO 45001 lassen sich in dem Sinne interpretieren, dass die oberste Leitung bei der Erfüllung ihrer Pflicht, ein Managementreview zu erstellen, einen größeren Grad an Freiheit der Gestaltung besitzt, als in der Praxis häufig in Anspruch genommen wird.

Umfang

Hinsichtlich des Umfangs des Managementreviews gibt es in der ISO/IEC 27001 wie auch in den anderen genannten ISO-Normen keine Vorgaben. Aber die Auditoren sind nicht unglücklich, wenn man sich auf das Wesentliche beschränkt. Umfang und Detaillierungsgrad einer Doktorarbeit erwartet kein Auditor. Der durchschnittliche Zeitaufwand zur Prüfung des Managementreviews eines Systems wird im externen Audit mit ca. 30 Minuten veranschlagt. Für jedes weitere Managementsystem kommen im Audit 15 bis 20 Minuten hinzu, im gesamten Auditablauf also nicht sehr viel Zeit; daher gilt auch in diesem Fall das alte Sprichwort: „In der Kürze liegt die Würze".

2.2 Ablaufschritte des Managementreviews

Datenquellen und Verantwortung

Die Erstellung des Managementreviews geschieht in der Praxis, unabhängig von der Managementsystemnorm, zumeist nach einem vergleichbaren strukturierten Ablauf, der mit der Festlegung beginnt, welche Daten für das Review benötigt werden und wer für die Erhebung der Daten in der Organisation verantwortlich ist. Die Schritte im Detail zeigt Abbildung 2.

Vorbereitung des Managementreviews

1. Datenquellen und Verantwortung festlegen
2. Datenerhebung planen und durchführen
3. Daten bewerten und Maßnahmen festlegen
4. Datenauswertung und -analyse durchführen
5. Ergebnisprotokoll bezüglich Bewertung und Maßnahmen erstellen
6. Kommunikation der Reviewergebnisse durchführen
7. Nachverfolgung von Maßnahmen zum Review organisieren

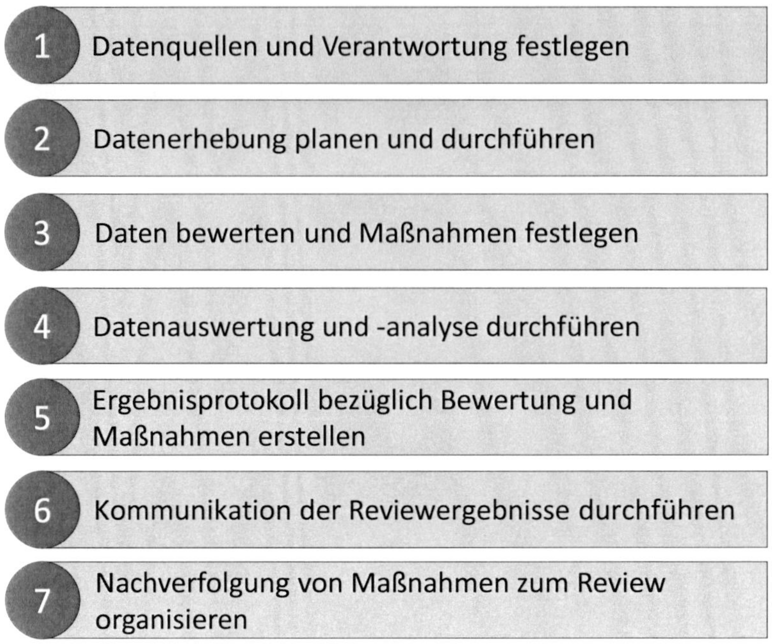

Abb. 2: Sieben Schritte zum Managementreview

Erhebung, Auswertung, Analyse

Im zweiten Schritt werden im Erfassungszeitraum des Reviews (in der Regel ein Jahr) die Daten von den Durchführungsverantwortlichen gesammelt und ggf. auch schon einer vorbereitenden Analyse unterzogen (z. B. monatlich oder pro Quartal). Zur Vorbereitung der Bewertung der Ergebnisse werden die Daten aller implementierten Managementsysteme ausgewertet und analysiert (z. B. Trendvergleiche, Kennzahlenbildung, wesentliche Veränderungen).

Bewertung, Maßnahmen

Die wichtigste Phase des Managementreviews ist die Bewertung der Ergebnisse hinsichtlich der Erreichung von Zielen und Vorgaben. Die oberste Leitung muss entscheiden, ob sie mit den Ergebnissen zufrieden ist oder ob sie noch Verbesserungspotenziale in dem einen oder anderen Punkt sieht. Im letzteren Fall kann sie ggf. Maßnahmen zur Verbesserung formulieren.

Dokumentation, Kommunikation

Im Anschluss an die Bewertung muss zeitnah das Ergebnis in einem Reviewprotokoll dokumentiert werden. Danach erfolgt die Kommunikation (z. B. Verteilung des Protokolls oder Vorstellung in einem Führungskreis) der Ergebnisse des Reviews an einen definierten Personenkreis (z. B. Führung und ausgewählte Mitarbeiter).

Nachverfolgung

Eine in der Praxis häufig vorkommende Schwäche weist der letzte Schritt auf: die unzureichende Nachverfolgung der im Review festgelegten Maßnahmen. Meist fällt dieses Nichtkümmern um die Maßnahmen nach außen dann im nächsten Audit auf und lässt beim Auditor Zweifel an der Wirksamkeit des ISMS oder anderer Managementsysteme des IMS aufkommen, weil das wichtigste Kontroll- und Steuerungsinstrument des Managementsystems, das Managementreview, nicht vollständig wirksam ist. Nach innen entsteht bei Führungskräften und Mitarbeitern der Eindruck, dass eine normative Pflicht ohne wirkliche Bedeutung für die Organisation erfüllt wird.

2.3 Turnus der Bewertung

In der Praxis wird das Managementreview regelmäßig einmal im Jahr durchgeführt. Neben den in regelmäßigen Abständen stattfindenden Reviews kann es besondere Umstände für die Organisation geben, die die Durchführung eines Managementreviews in Einzelfällen in kürzeren Zeitabständen sinnvoll erscheinen lassen. Das kann eine temporäre Maßnahme über einen gewählten Zeitraum sein (z. B. eine Zertifizierungsperiode), um die Stabilität des ISMS sowie anderer Managementsysteme des IMS zu gewährleisten oder wiederherzustellen (z. B. nach einer Normenrevision), oder eine dauerhafte Maßnahme.

Gründe für Veränderungen

Da jede zusätzliche vollständige Managementbewertung Aufwand generiert, sollten schon wichtige Gründe für eine temporäre Veränderung des Regelzyklus vorliegen, etwa

- ein neu eingeführtes System, das noch nicht stabil ist,
- größere organisatorische Veränderungen, die den Geltungsbereich des Managementsystems deutlich verändern,
- schwerwiegende Störungen in den managementsystemrelevanten Leistungsprozessen oder kritischen Prozessen der Organisation,
- Unternehmensfusionen, Eigentümerwechsel, Organisationsaufspaltungen mit wesentlichen Veränderungen in den Anforderungen des Managementsystems,
- turnusgemäße Revisionen der Managementsystemnorm mit deutlichen Veränderungen in den wesentlichen Anforderungen.

Aufwand begrenzen

Wann und in welchen anderen Fällen aus Sicht der Organisation weitere Gründe vorliegen, die ein außerordentliches Managementreview notwendig machen, sollte durch die oberste Leitung entschieden werden. Da ein außerordentliches Managementreview häufig nur zur Beseitigung von signifikanten Schwachstellen im Managementsystem dient, besteht eine Möglichkeit zur Aufwandsreduzierung darin, das außerordentliche Managementreview auf die Themen zu begrenzen, die von den aktuellen Schwächen direkt oder ggf. auch indirekt betroffen sind.

Review zeitlich verteilt

Von einer Möglichkeit wird in der Praxis kaum Gebrauch gemacht, nämlich das Managementreview nicht in einem Stück, sondern über einen Zeitraum verteilt durchzuführen. Das bedeutet, dass die Organisation die Themen in der Norm bestimmen kann, die ggf. auch häufiger (als einmal im Jahr) einem Managementreview unterzogen werden können, wenn es für die Organisation vorteilhaft ist (z. B. wichtige Prozesse der ISO/IEC 27001 wie Informationssicherheitsrisikobehandlung). Vergleichbares gilt auch für die anderen Systeme im IMS (z. B. Compliancepflichten in der ISO 14001 und der ISO 45001). Auch die Intensität, mit der die einzelnen Themen im Review behandelt werden, ist variabel und richtet sich nach den Bedürfnissen der Organisation oder nach der Bedeutung des Reviewthemas für die Organisation. So braucht eine Organisation ohne wesentliche Cloudnutzung das Thema im Review auch nicht groß zu behandeln.

Review jährlich

Um zu entscheiden, ob häufigere Reviews für die Organisation sinnvoll sein können, ist zu prüfen, welche Vor- und Nachteile eine nur jährliche Erstellung des Managementreviews hat:

Vorteile

- der geringere Zeitaufwand für die Erstellung des Reviews;
- die Organisation (inkl. der Leitung) muss sich nur einmal im Jahr mit dem Thema Review beschäftigen;

Nachteile

- der lange Nachbetrachtungszeitraum von zwölf Monaten bietet keine Möglichkeit, Fehlentwicklungen im ISMS (oder IMS) und seinen Prozessen auch kurzfristig zu begegnen;
- die oberste Leitung beschäftigt sich zu wenig mit den Themen des ISMS (oder IMS), und Potenziale zur Leistungsverbesserung werden nicht erkannt und/oder genutzt;

- das Potenzial des ISMS (und/oder IMS) zur Steuerung der Organisationsprozesse kann nicht optimal genutzt werden.

Orientierung an Geschäftsergebnissen

Aber was ist der richtige Zeitraum für Zwischenschritte im Managementreview? Auch bei dieser Frage hilft es weiter, die gängige Praxis beim Controlling von Geschäftsergebnissen in Unternehmen zu betrachten. Keine Unternehmensleitung geht das Wagnis ein, sich nach zwölf Monaten von schlechten Zahlen überraschen zu lassen. Daher hat es sich etabliert, dass in mittleren und größeren Unternehmen mindestens alle drei Monate über wesentliche Erfolgsfaktoren ein Quartalsbericht erstellt wird. Das eröffnet die Möglichkeit, drei weitere Male im Jahr zu prüfen, ob die geplanten Zahlen und Ziele noch den Erwartungen entsprechen oder Eingriffe zur Korrektur erfolgen müssen. Dazu muss man die Eingaben und Ausgaben des Managementreviews hinsichtlich ihrer unterjährigen Verfügbarkeit von Daten und ihrer Bedeutung für die Wirksamkeit des ISMS (oder IMS) betrachten. Auf der einen Seite gibt es Eingaben in das Managementreview, z. B. Ergebnisse von Audits, die in der Regel nur einmal im Jahr zur Verfügung stehen. Auf der anderen Seite werden Daten zur Prozessleistung, z. B. Meldungen zu Informationssicherheitsvorfällen oder Behördenkontakten häufig monatlich erfasst und ggf. auch Kennzahlen gebildet. Diese Daten können quartalsweise als Basis für ein reduziertes Zwischenreview genutzt werden.

Zeiträume Eingabenprüfung

In Tabelle 3 sind die relevanten Eingaben hinsichtlich ihrer zeitlichen Verfügbarkeit und Relevanz für das Managementreview zum ISMS und den drei IMS-Normen beispielhaft aufgelistet.

Tabelle 3: Zeitraum der Überprüfung der Eingaben

Alle: ISO/IEC 27001/ISO 9001/ISO 14001/ISO 45001	Zeitraum der Überprüfung		Normenbezug
Eingaben in die Managementbewertung	Quartal	Jährlich	
• Status von Maßnahmen im Vergleich zur vorherigen Managementbewertung	x		**Alle**
• Möglichkeiten zur fortlaufenden Verbesserung		x	**Alle**
• Angemessenheit von Ressourcen für das Managementsystem	x		ISO 9001, ISO 14001, ISO 45001
• Relevante Äußerungen/Kommunikation mit interessierten Parteien (inkl. Beschwerden und Reklamationen)	x		**Alle**
• Ausmaß, in dem die Managementsystempolitik erfüllt wurde		x	ISO 45001
• Veränderungen bei den Managementsystemen bezüglich:			
o externer und interner Themen	x		**Alle**
o Risiken und Chancen		x	ISO 9001, ISO 14001, ISO 45001
o Erfordernissen und Erwartungen interessierter Parteien (inkl. Kunden)	x		ISO 9001, ISO14001, ISO 45001
o bindender Verpflichtungen	x		ISO14001, ISO 45001
o bedeutender Umweltaspekte		x	ISO 14001
• Informationen über die Leistung, Wirksamkeit und Entwicklung der Managementsysteme bezüglich:			
o Nichtkonformitäten und Korrekturmaßnahmen	x		**Alle**
o Ergebnissen von Überwachungen und Messungen	x		**Alle**
o Auditergebnissen		x	**Alle**
o Erfüllung/Einhaltung bindender Verpflichtungen		x	ISO 14001, ISO 45001
o des Umfangs, in dem Ziele erfüllt wurden	x		**Alle**
o Risiken und Chancen		x	ISO 9001, ISO 14001, ISO 45001
o Kundenzufriedenheit		x	ISO 9001
o Prozessleistung und Konformität von Produkten/Dienstleistungen	x		ISO 9001
o Leistung externer Anbieter	x		ISO 9001
o Vorfällen und fortlaufender Verbesserung		x	ISO 45001
o Konsultation und Beteiligung von Beschäftigten	x		ISO 45001
o Ergebnissen der Risikobeurteilung und Status des Plans für die Risikobehandlung	x		ISO/IEC 27001

Zeiträume Ergebnisprüfung

Tabelle 4 zeigt die Ergebnisse aus dem Managementreview hinsichtlich ihrer zeitlichen Verfügbarkeit und Relevanz.

Tabelle 4: Zeitraum der Überprüfung der Ergebnisse

Alle: ISO/IEC 27001/ISO 9001/ISO 14001/ISO 45001	Zeitraum der Überprüfung		Normenbezug
Eingaben in die Managementbewertung	**Quartal**	**Jährlich**	
• Möglichkeiten/Entscheidungen zur fortlaufenden Verbesserung		x	**Alle**
• Änderungsbedarf am Managementsystem (z. B. Geltungsbereich, Politik, Ziele inkl. Aktionsplänen, Kennzahlen, Ausgangsbasis)		x	**Alle**
• Bedarf an erforderlichen Ressourcen	x		ISO 9001, ISO 14001, ISO 45001
• Maßnahmen bei der Nichterreichung von Zielen	x		ISO 14001, ISO 45001
• Möglichkeiten, die Integration des Managementsystems mit anderen Geschäftsprozessen zu verbessern		x	ISO 14001, ISO 45001
• Schlussfolgerungen zur fortdauernden Eignung, Angemessenheit und Wirksamkeit des Managementsystems		x	ISO 14001, ISO 45001
• Auswirkungen auf die strategische Ausrichtung der Organisation		x	ISO 14001, ISO 45001

Die Themen des Managementreviews, die quartalsweise behandelt werden können, verringern den Aufwand im Hauptreview zum Jahresende.

Bedeutung individuell prüfen

Ein weiteres Kriterium, Teile des Managementreviews auch unterjährig zu prüfen, kann die Bedeutung der einzelnen Themen für die Organisation sein. Eine entsprechende Zuordnung ist sehr individuell und kann daher nur von einzelnen Unternehmen vorgenommen werden.

2.4 Managementreview strukturieren

Gliederung und Darstellung

Um eine übersichtliche und transparente Managementbewertung zu erzeugen, ist es wichtig, den Bericht zum Managementreview richtig zu strukturieren. Das betrifft einerseits die Gliederung der Themen und andererseits die Art der Ergebnisdarstellung.

Weniger ist mehr!

Ein wesentlicher Schwachpunkt der gängigen Praxis beim Verfassen von Managementreviews ist die Fülle an Details, die zum Großteil in die Bewertung aufgenommen werden, obwohl sie in anderen dokumentierten Informationen der Organisation bereits vorhanden sind. Das führt dazu, dass die Berichte zu den Bewertungen des Reviews viele und häufig zu viele Seiten umfassen. Diese umfängliche Form ist wenig anwenderfreundlich und steigert auch nicht die Bereitschaft der Führungskräfte, sich damit zu befassen. Weniger ist in diesem Fall mehr.

Zu große Fülle an Details

Dass zu einer guten Managementbewertung im Hintergrund eine fundierte Datensammlung und deren ergebnisorientierte Analyse gehören, ist unstrittig. Die zum Teil umfangreichen Auswertungen und Berichte im ISMS und ggf. hinzukommende dokumentierte Informationen zum IMS mit seinen drei Systemen sind notwendig, geben sie doch Aufschluss über das operative Geschehen in der Organisation und bilden die Basis für die Bewertung, wie die Leitung mit dem Ergebnis zufrieden ist, z. B. Zahl und Hintergründe von Cyberattacken oder ob die Organisation ihre Managementsystemziele erreicht hat. Diese Daten gehören weitgehend in ein übersichtlich strukturiertes betriebliches Managementsystemberichtswesen und nicht zu detailliert ins Managementreview. Nur die wichtigsten Schlüsselkennzahlen der Managementsysteme sollten ins Review aufgenommen werden.

Keine Vorgaben für die Gliederung

Für die Gliederung des Managementreviews gibt es in der ISO/IEC 27001 keine Vorgaben. Dies gilt aber auch für die Managementsysteme nach ISO 9001, 14001 und 45001. Die Organisation hat daher hinsichtlich der Form des Reviews alle Freiheiten. In der Praxis findet man häufig eine Gliederung, die aus der Struktur (Aufzählung) der Eingaben und Ausgaben des Managementreviews abgeleitet ist.

Gliederungsvorschlag

Eine andere Möglichkeit der Gliederung ergibt sich, wenn man die Themen des Managementreviews hinsichtlich ihrer Bedeutung für die oberste Leitung sortiert. Was sind die Themen, die direkt die oberste Leitung hinsichtlich ihrer normativen Führungsaufgabe betreffen, und welche Teile sind dem operativen Geschehen der Organisation zuzuordnen? Gerade die operativen Themen sind häufig der Hauptgrund für den großen Umfang des Managementreviews in der Praxis, da die betriebliche Datenerfassung häufig sehr kleinteilig erfolgt.

Führungs- vs. operative Themen

Betrachtet man die Themenstellung der Eingangsgrößen des Reviews, kann man sie hinsichtlich ihrer Verantwortung in zwei Gruppen aufteilen: die Leitungsthemen und die operativen Themen. Die Unterteilung bietet auch die Möglichkeit, das Managementreview auf diese Weise zu gliedern.

Eingaben

Nachfolgend finden Sie beispielhaft die Ein- und Ausgaben zum Managementreview, gegliedert nach Leitungsthemen und operativen Themen. Tabelle 5 zeigt die Eingaben in die Bewertung.

Tabelle 5: Leitungs- und operative Themen der Eingaben

Eingaben in die Bewertung	
Themen der obersten Leitung	**Normenbezug**
Status von Maßnahmen im Vergleich zur vorherigen Managementbewertung	**Alle**
Veränderungen bei externen/internen Themen	**Alle**
Leistung und Entwicklung interner/externer Auditergebnisse	**Alle**
Status der Erreichung von Managementsystemzielen	**Alle**
Entwicklung und Rückmeldung interessierter Parteien, einschließlich Beschwerden	**Alle**
Wirksamkeit und Grad, in dem Ziele erreicht wurden	**Alle**
Angemessenheit von Ressourcen für das Managementsystem	ISO 9001, ISO 14001, ISO 45001
Veränderungen bei bindenden Verpflichtungen	ISO 14001, ISO 45001
Ergebnisse der Risikobeurteilung und Status des Plans für die Risikobehandlung	ISO/IEC 27001
Leistung und Entwicklung der Kundenzufriedenheit	ISO 9001
Ausmaß, in dem Managementsystempolitik erfüllt wurde	ISO 45001
Operative Themen	**Normenbezug**
Möglichkeiten zur fortlaufenden Verbesserung	**Alle**
Entwicklung bei Nichtkonformitäten und Korrekturmaßnahmen	**Alle**
Entwicklung bei den Ergebnissen aus Überwachung und Messung	**Alle**
Information über die Wirksamkeit und Entwicklung von Risiken und Chancen	ISO 9001, ISO 14001, ISO 45001
Veränderungen bei Risiken und Chancen	ISO 14001, ISO 45001
Rückmeldungen über die Informationssicherheitsleistung in den Prozessen	ISO/IEC 27001
Ergebnisse und Wirksamkeit der Risikobeurteilung und Status des Plans zur Risikobehandlung	ISO/IEC 27001
Prozessleistung und Konformität von Produkten und Dienstleistungen und deren Entwicklung	ISO 9001
Leistung und Entwicklung externer Anbieter	ISO 9001
Veränderungen bedeutender Umweltaspekte	ISO 14001
Entwicklung von Vorfällen und fortlaufende Verbesserung	ISO 45001
Leistung und Wirksamkeit bei der Konsultation und Beteiligung von Beschäftigten	ISO 45001

Ergebnisse

In Tabelle 6 sind die Ergebnisse des Managementreviews bezüglich Leitungs- und operativer Themen dargestellt.

Tabelle 6: Leitungs- und operative Themen bei den Ergebnissen

Ergebnisse der Managementbewertung	
Themen der obersten Leitung	**Normenbezug**
Entscheidungen und Maßnahmen zur fortlaufenden Verbesserung	**Alle**
Erkannter Änderungsbedarf am Managementsystem und dessen Maßnahmen	**Alle**
Bedarf an erforderlichen Ressourcen	ISO 9001, ISO 14001, ISO 45001
Maßnahmen bei der Nichterreichung von Zielen (sofern erforderlich)	ISO 14001, ISO 45001
Möglichkeiten, die Integration des Managementsystems mit anderen Geschäftsprozessen zu verbessern	ISO 14001, ISO 45001
Schlussfolgerungen zur fortdauernden Eignung, Angemessenheit und Wirksamkeit des Managementsystems	ISO 14001, ISO 45001
Auswirkungen auf die strategische Ausrichtung der Organisation	ISO 14001, ISO 45001
Operative Themen	**Normenbezug**
Operative Themen auf der Ergebnisseite der Managementbewertung sind in der ISO/IEC 27001 sowie in ISO 9001, ISO 14001 und ISO 45001 nicht vorhanden.	**Alle**

Punkte zusammenfassen

Die konkrete Gliederung des Managementreviews muss nicht eins zu eins den Eingabe- und Ergebnispunkten der ISO/IEC 27001 oder der anderen Systeme des IMS entsprechen, sondern kann auch aus Zusammenfassungen von einzelnen Normenthemen bezüglich der obersten Leitung oder operativen Themen unter einem gemeinsamen Oberthema bestehen. So können etwa die Punkte „Ergebnisse von Überwachung und Messung" und „Nichtkonformitäten und Korrekturmaßnahmen" unter dem Oberbegriff „Kontrolle und Fehler" zusammengefasst werden.

Im Grundsatz kann die Gliederung des Berichts zum Managementreview von den Organisationen frei nach eigenen Bedürfnissen gewählt werden. Sie sollte aber schon einer gewissen Systematik folgen, z. B. das Wichtige zuerst und das weniger Wichtige danach. Diese Systematik sollte den externen Auditoren erläutert werden können. Eine praktikable Lösung wäre die Themen der obersten Leitung an den Anfang des Reviews zu stellen und daran die operativen Themen anzuschließen, getreu dem Motto „das Wichtige zuerst".

2.5 Datenquelle festlegen

Zahlen, Daten, Fakten

Da das Managementreview auf Zahlen, Daten, Fakten beruhen soll, ist vor der Datenerhebung zu klären, welche Daten aus welchen Organisationsbereichen als Quellen benötigt werden, um eine Bewertung gemäß den Normenanforderungen durchführen zu können. Dazu ist das bestehende betriebliche Berichtswesen nach Themengebieten (z. B. Stakeholderäußerungen oder Informationssicherheitsvorfälle) zu systematisieren, und die Quellen der benötigten Daten sind zu bestimmen. Dabei handelt sich um eine Auswahl von spezifischen Daten des ISMS und der anderen Systeme des IMS aus den betrieblichen Leistungsprozessen (Kernprozesse) sowie unterstützenden Prozessen und den Prozessen der Führung. Welche Daten aus diesem Kontext für das Review benötigt werden, bestimmen weitgehend die Eingangsinformationen, die im Normenkapitel 9.3 „Managementbewertung" der ISO/IEC 27001 (und der weiteren Managementsysteme des IMS) festgelegt sind. Eine Übersicht über die wesentlichen für das Managementreview benötigten Daten und deren Quellen im ISMS zeigt Abbildung 3.

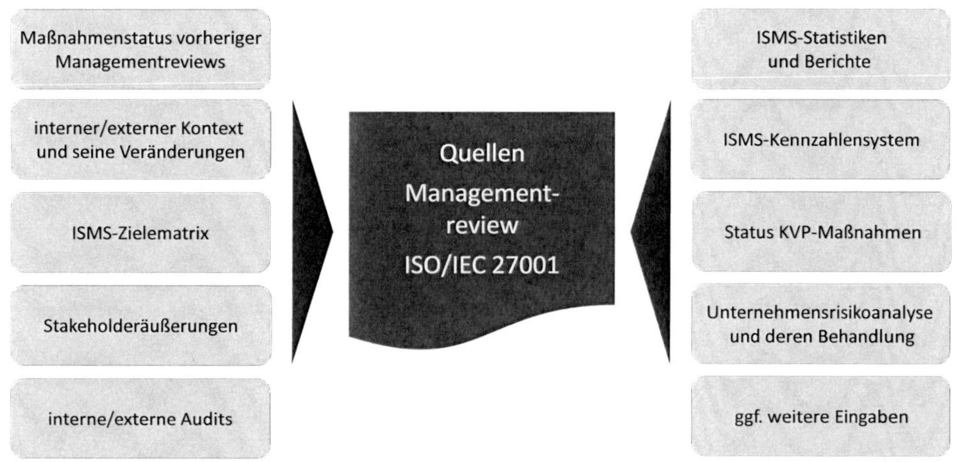

Abb. 3: Auswahl Datenquellen für das Managementreview

Die genannten Datenquellen sind als Beispiele zu verstehen und müssen mit den tatsächlichen Quellen in der Organisation nicht vollständig übereinstimmen. Hinzu kommen im IMS auch die Datenquellen von ISO 9001, ISO 14001 und ISO 45001. Diese sind zum Teil identisch mit der ISO/IEC 27001, etwa Maßnahmen vorheriger Managementreviews, interner und externer Kontext, Zielematrix zu den Managementsystemen, interne und externe Audits, Systemstatistiken und Kennzahlensysteme zu den Managementsystemen, Status von KVP-Maßnahmen und Ergebnisse von Risiko- und Chancenbehandlung.

Des Weiteren kommen aus den anderen Managementsystemen des IMS weitere Datenquellen hinzu. Aus der ISO 9001 z. B: die Kundenzufriedenheit und die Lieferantenbewertung sowie die Angemessenheit von Ressourcen. Letzteres gilt auch für die ISO 14001 und die ISO 45001. Aus der ISO 14001 kommen die Umweltaspekte und deren Veränderung oder die Rechtsanforderungen und deren Einhaltung hinzu. Letzte Anforderungen gibt es auch für das Arbeitsschutzrecht in der ISO 45001. Für die ISO 45001 kommen die Konsultation und Beteiligung von Beschäftigten hinzu.

Datenverantwortliche bestimmen

Im zweiten Schritt sind die Eigner/Verantwortlichen für die Daten zu bestimmen. Gemäß der Prozessorientierung der ISO-Normen sind für die einzelnen Prozesse der Organisation lt. normativer Forderung sogenannte Prozessverantwortliche benannt. Diese Prozessverantwortlichen sind in der Regel auch für die Erfassung und Aufbereitung der in den Prozessen für das Managementsystem erhobenen Daten verantwortlich.

Datenquellen.xlsx

Um die Datenerfassung übersichtlich zu gestalten, ist es hilfreich, eine Verweismatrix zu erstellen, aus der die Details der zu erfassenden Daten ersichtlich werden. Dazu gehören

- Datenquellen,
- Art der Daten,
- Verantwortliche für die Erfassung, Aufbereitung und Bereitstellung der Daten,
- Zeitpunkte der Bereitstellung der Daten,
- ggf. weitere Festlegungen.

Qualität der Daten

Um die Qualität der zu erfassenden Daten abzusichern, sind Erfassungshäufigkeit (Frequenz), Genauigkeit (Toleranz) und Verlässlichkeit (Wiederholgenauigkeit) festzulegen und durch den Prozessverantwortlichen zu überwachen.

Für das Managementreview ist es auf jeden Fall hilfreich, wenn man dazu auf einen zusammenfassenden, klar gegliederten Jahresbericht zum ISMS, ggf. unter Einschluss der Berichte zu ISO 9001, 14001 und 45001, zurückgreifen kann. Das muss nicht zwingend ein in sich geschlossener schriftlicher Bericht sein, sondern in modernen Dokumentenlenkungsprogrammen reicht da eine kurze Zusammenfassung von wenigen Seiten, die an den richtigen Stellen mit den thematischen Einzelberichten (z. B. Informationssicherheitsrisikobeurteilung und -behandlung oder Auditberichte) verlinkt sind.

Aufbereitung der Daten

Nachdem die für das Managementreview benötigten Daten, deren Quellen und Verantwortlichkeiten für die Bereitstellung festgelegt sind, ist darüber hinaus zu entscheiden, in welcher Form die Daten aufzubereiten sind, z. B. als Texte, Tabellen, Grafiken, Diagramme. Diese Aufbereitung muss sicherstellen, dass die Informationen für die Bewertung in einer für die oberste Leitung und ggf. für weitere an der Bewertung beteiligte Führungskräfte in übersichtlicher und schnell verständlicher Form bereitgestellt werden. Nur dann kann sich der Zeitaufwand für die Bewertung in Grenzen halten. Außerdem ist der Termin (oder sind die Termine) festzulegen, zu dem diese Daten für das Review bereitzustellen sind.

Daten prüfen

Die Daten und Informationen sollten vor der Durchführung des Reviews noch einmal verifiziert werden. Diese Aufgabe kann von der verantwortlichen Person für das spezifische Managementsystem (z. B. ISMS oder QMS) oder einem sachkundigen Managementsystemteam, das alle implementierten Managementsysteme der Organisation umfasst, wahrgenommen werden. Gerade bei integrierten Systemen wäre eine Teamlösung sinnvoll. Dabei sind zu prüfen

- die Vollständigkeit,
- die Konsistenz,
- die Übersichtlichkeit,
- die korrekte Gestaltung der Daten und Informationen.

Bei erkannten Abweichungen sind entsprechende Korrekturen durchzuführen.

Gliederungsstruktur

Danach müssen die gesammelten Unterlagen in eine Gliederungsstruktur gebracht werden, die der Kapitelstruktur des Managementreviews entspricht. Wenn zum Verständnis der Informationen weiterführende Daten (z. B. Berichte, Statistiken) notwendig sind, sind diese für den Zugriff (Pfadangabe im Dateisystem) bereitzustellen.

3 Erstellung des Managementreviews

3.1 Organisatorische Methoden der Erstellung

Keine Normvorgaben

Bezüglich organisatorischer Details bei der Durchführung des Managementreviews schweigt sich die ISO/IEC 27001 ebenso wie auch die anderen drei betrachteten Managementsysteme aus. Es wird nur die Verantwortlichkeit für das Managementreview klar definiert, die „oberste Leitung". Wer ansonsten daran wann mit welchen Aufgaben beteiligt ist, bleibt der Organisation überlassen. Da die Durchführung des Managementreviews zu den wichtigsten Aufgaben in einem Managementsystem gehört, stellt sich die Frage nach festgelegten Regeln für die Durchführung. Auch wenn nicht direkt in den Normen gefordert, besteht doch aufgrund der Bedeutung des Managementreviews für die Wirksamkeit von Managementsystemen schon ein gewisser Bedarf, die Durchführung des Managementreviews in einem dokumentierten Verfahren mit den dafür notwendigen Tätigkeiten und Verantwortlichkeiten (inkl. Mitwirkungen) normenkonform festzulegen.

Im folgenden Abschnitt werden die einzelnen Arbeitsschritte zur Durchführung des Managementreviews im Detail erläutert.

Involvierte Bereiche

In die Vorbereitung zum Managementreview sind in der Regel mehrere Bereiche oder Personen der Organisation involviert. Das sind in erster Linie der oder die Verantwortliche(n) für das ISMS und die anderen Systeme des IMS und ggf. auch noch externe Fachberater, des Weiteren betriebliche Führungskräfte, z. B. Datenschutzbeauftragter, Einkaufsleiter, IT-Leiter, Leiter Controlling, FASI. Betroffen sind alle Funktionen, für die die ISO/IEC 27001 und die Normen des IMS relevant sind und die Daten aus ihrem Verantwortungsbereich für das Review sammeln, aufbereiten und beisteuern müssen.

Oberste Leitung bewertet

Der Kern des Managementreviews, die Bewertung der Fakten und die Festlegung von Maßnahmen, sollte von der obersten Leitung allein durchgeführt werden, d. h. die Einstufung der Ergebnisse in gut oder schlecht (ggf. mit Zwischenabstufungen) und ob Maßnahmen notwendig sind oder nicht. In der Praxis wird leider hin und wieder des Guten zu viel getan und der obersten Leitung das Review unterschriftsreif zum Abnicken vorgelegt. Damit läuft die oberste Leitung im Zertifizierungsaudit Gefahr, dem externen Auditor die Managementbewertung und ihr Zustandekommen nicht plausibel erläutern zu können, was dann beim Auditor zur Schlussfolgerung führt, dass die oberste Leitung ihrer Rechenschaftspflicht nur unzureichend nachkommt (Auditfeststellung: Nicht konform mit Abschnitt 5.1/9.3).

Bewertung in Führungsrunde

Sinnvoll für die Akzeptanz des Managementsystems in der Organisation ist es, wenn das Review nicht im stillen Kämmerlein von der obersten Leitung durchgeführt wird, sondern im Rahmen einer Führungsrunde. Diese könnte bestehen aus der obersten Leitung und den wichtigsten Führungskräften unter Hinzuziehung des ISMS-Verantwortlichen sowie den Verantwortlichen für die ISO 9001, 14001 und 45001, ggf. auch unter Einschluss externer Berater. Aus Betroffenen Beteiligte zu machen ist heute einer der Grundsätze für eine erfolgreiche Führung. Wer an Entscheidungen mitwirken kann, ist auch bei der Umsetzung von beschlossenen Maßnahmen engagierter.

Reviewmeeting

Das Zeitmanagement für die Vorbereitung und Durchführung des Managementreviews ist ein wesentlicher Erfolgsfaktor und wird manchmal unterschätzt. Damit das Reviewmeeting strukturiert durchgeführt werden kann, ist der Termin rechtzeitig festzulegen und eine Agenda inkl. Zeitplan für die Sitzung zu erstellen und zu kommunizieren (z. B. vier bis sechs Wochen vorher). Für die Sammlung und Aufbereitung der benötigten Daten in den beteiligten Bereichen werden in der Regel ca. drei bis vier Wochen benötigt. Die erfassten und aufbereiteten Daten sollten in der (Kapitel-)Struktur des Managementreviews den am Review beteiligten Führungskräften vorab (ca.

eine Woche) zur Information übergeben werden. Einzelne Rückfragen könnten so schon im Vorfeld geklärt und der Prozess der Bewertung und Entscheidungsfindung am Tag des Reviewmeetings kann beschleunigt werden. Auch für das Führungskräftemeeting zur Durchführung des Reviews sollte man ausreichend Zeit einplanen. Für ein ISMS sind erfahrungsgemäß ca. zwei bis drei Stunden (großes mittelständisches Unternehmen) zu veranschlagen. Für jedes weitere Managementsystem kann man 50 % (also 1,0 bis 1,5 Stunden) an zusätzlichem Zeitbedarf hinzurechnen.

Moderation

Weitere wesentliche Erfolgsfaktoren für ein gutes Review sind eine gute Vorbereitung und die zielorientierte Moderation der Sitzung. Beides sollte in der Hand eines der Managementsystemverantwortlichen (z. B. des ISMS-Verantwortlichen oder QMS-Verantwortlichen) liegen. Die Moderation könnte aber auch von einer anderen sachkundigen Führungskraft oder einem externen Berater mit besonderen Kenntnissen des ISMS und IMS durchgeführt werden. Wichtig ist, eine kompetente und strukturierte Moderation des Führungskräftemeetings sicherzustellen.

Ablauf konkret

Am Anfang der Bewertung werden die einzelnen Kapitel/Themen des Reviews und die dazu notwendigen Informationen und Daten von den dafür verantwortlichen Führungskräften kurz präsentiert und die wichtigsten Fakten erläutert. Die Bewertung an sich (Einstufung der Zufriedenheit) sollte von der obersten Leitung vorgenommen werden. Dabei kann diese die Führungskräfte in die Entscheidungsfindung einbinden. Das Ergebnis der Bewertung führt ggf. zu Folgemaßnahmen. Ob Folgemaßnahmen notwendig sind oder nicht, sollte die oberste Leitung entscheiden. In die inhaltliche Festlegung von Maßnahmen sollten die Führungskräfte wieder eingebunden werden, da sie in der Regel an der Umsetzung verantwortlich beteiligt sind.

3.2 Dokumentarische Anforderungen

Ergebnisprotokoll

Nach dem Bewertungsmeeting muss zeitnah ein Protokoll mit den Ergebnissen erstellt werden (Normkapitel 9.3.3, Forderung nach einem dokumentierten Nachweis). Für die Art der Darstellung des Protokolls zum Managementreview gibt es keine Normenvorgaben. In der Praxis eingebürgert haben sich zwei Formen, die sich gängiger Office-Programme (Word und PowerPoint) bedienen.

Management-review.docx

Überwiegend wird das Managementreview in der klassischen Form als Word-Dokument erstellt.

Management-review.pptx

Daneben findet man in der Praxis das Review auch in Form einer PowerPoint-Präsentation. Das hat den Vorteil, dass die Ergebnisse des Reviews für Präsentationen direkt geeignet sind. Aufgrund der Folienstruktur können Themen der Bewertung auch übersichtlicher voneinander abgegrenzt werden.

Muster

Zum besseren Verständnis haben wir je ein Muster-Review-Protokoll eines fiktiven Unternehmens in den Darstellungsvarianten „Word" und „PowerPoint" als Arbeitshilfen beigefügt. Es enthält die ISO/IEC 27001 und auch die ISO 9001, ISO 14001 und ISO 45001. Die Muster können Sie, ggf. nach Anpassungen an die Anforderungen der Organisation, für das eigene Managementreview verwenden.

Grundsätzliche Erwägungen zur Stuktur

Für die Struktur des Managementreviews gibt es seitens der ISO-Normen keine Vorgaben. Abhängig von bestehenden Führungsinstrumenten kann eine zweckdienliche Struktur durch die Leitung gewählt werden. Es gibt nur grundsätzliche Erwägungen hinsichtlich der Übersichtlichkeit und des Verständnisses. Dies sind:

- klare Struktur nach Themen sortiert,
- wenig Fließtext (Prosa), sondern stichwortartige Darstellung der Aussagen,

- mit optisch schnell zu erfassenden Elementen arbeiten (z. B. Grafiken, Tabellen oder Aufzählungen),
- klare Quellenangaben, wenn auf Fakten in anderen Dokumenten Bezug genommen wird,
- klare Unterscheidung zwischen Informationen (Fakten), der Bewertung nach Kriterien (gut bis schlecht) und der Schlussfolgerung (Maßnahmen).

Bedeutung für die Organisation

Eine Möglichkeit ist die Gliederung der Themen des Managementreviews nach ihrer Bedeutung für die Organisation: zuerst die für das Managementsystem wichtigen Leitungsthemen (Punkte 1 bis 6) und dann die operativen Themen (Punkte 7 bis 10).

Grundlage der Bewertungspunkte 1 bis 10 sind die Anforderungen der ISO/IEC 27001 an das Managementreview. Vergleichbare Inhalte der ISO 9001, ISO 14001 und ISO 45001 sind darin eingebunden, wenn alle vier Normen in ein Managementreview integriert werden sollen. Die Tabellen 7 und 8 zeigen eine Möglichkeit, das Managementreview thematisch nach dieser Option zu strukturieren.

Die linke Spalte beschreibt im Detail das Reviewthema, das jeweils dokumentiert und bewertet werden soll. Dabei sind die normativen Eingaben und Ergebnisse der Managementbewertung thematisch in den Reviewthemen zusammengefasst (z. B. Angemessenheit von Ressourcen in den Eingaben der ISO 14001 und Bedarf an Ressourcen in den Ergebnissen).

In der Mitte (Spalte Normenforderung) stehen die unter das Reviewthema fallenden direkten Forderungen des Normenkapitels 9.3 der ISO/IEC 27001 sowie vergleichbare Forderungen der ISO 9001, ISO 14001 und ISO 45001.

Für welche spezifische ISO-Managementsystemnorm jeder Reviewabschnitt Anwendung findet, ist in der rechten Spalte „Normenbezug" aufgeführt. Der Begriff „Alle" umfasst die ISO/IEC 27001 unter Einschluss der ISO 9001, ISO 14001 und ISO 45001, ansonsten sind die einzelnen Normenbezeichnungen aufgeführt. Zur Unterscheidung von Reviewthemen in der Verantwortung der obersten Leitung sind diese mit dem Wort „Führung" gekennzeichnet. Operative Themen des Unternehmens sind mit dem Begriff „Operativ" gekennzeichnet.

Tabelle 7: Mögliche Gliederung des Managementreviews zur ISO/IEC 27001, inkl. Integration IMS

Thema	Normenforderung	Normenbezug
1 Folgemaßnahmen aus letzter Managementbewertung		**Führung**
Umsetzung und Wirksamkeit von Festlegungen bezüglich Maßnahmen aus der vorherigen Managementbewertung (z. B. Ziele, Maßnahmen und sonstige Festlegungen)	Status von Maßnahmen aus vorheriger Managementbewertung in den Managementsystemen	**Alle**
2 Status und Bewertung der Managementziele		**Führung**
Status der Zielerreichung (verfehlt, erreicht, übertroffen)	Information über den Umfang, in dem Managementsystemziele erreicht wurden	**Alle**
Umgang mit nicht erreichten Zielen, ggf. Maßnahmen	Maßnahmen bei Nichterreichung von Managementsystemzielen (wenn relevant)	ISO 14001 Ggf. ISO 9001, 45001, 27001
3 Analyse Unternehmenskontext (interne/externe Themen)		**Führung**
Analyse neuer und geänderter interner/externer Themen Wirksamkeit bisheriger Regelungen im Umgang mit internen/externen Themen Änderungsbedarf bei bestehenden Regelungen im Umgang mit dem Kontext	Veränderungen bei internen und externen Themen (Kontext) in den Managementsystemen	**Alle**
Erfassung von und Umgang mit bedeutenden Umweltaspekten bezüglich neuer oder stark veränderter Aspekte	Veränderungen bei bedeutenden Umweltaspekten	ISO 14001
4 Umgang mit Anspruchsgruppen, inkl. Beschäftigten		**Führung**
Aussagen zu Veränderungen bei den interessierten Parteien inkl. Risiken und Chancen Aussagen zu Rückmeldungen von interessierten Parteien	Veränderungen bei den Erfordernissen und Erwartungen interessierter Parteien (Anspruchsgruppen) im Managementsystem	**Alle**
Kommunikation und Mitwirkung der Belegschaft und ihrer Vertreter (Betriebsrat) und ggf. Gewerkschaften	Konsultation und Beteiligung von Beschäftigten	ISO 45001
5 Management von Risiken und Chancen		**Führung**
Ergebnisse der Veränderungsanalyse von Risiken und Chancen Ergebnisse der Wirksamkeitsprüfung von Maßnahmen zum Umgang mit Risiken und Chancen	Veränderungen und Entwicklung bei Risiken und Chancen im Managementsystem	ISO 14001, 45001, 27001
	Wirksamkeit von durchgeführten Maßnahmen zum Umgang mit Risiken und Chancen im Managementsystem	ISO 9001
	Status des Plans für die Risikobehandlung	ISO/IEC 27001
Anmerkung: Veränderungen beim Kontext und den Erwartungen von Stakeholdern können auch Risiken und Chancen enthalten.		
6 Auditergebnisse		**Führung**
Informationen zu Ergebnissen von internen Audits (Systemaudits, ggf. Prozessaudits) Informationen zu Ergebnissen von externen Audits (Systemaudits, ggf. Prozessaudits durch Kunden)	Informationen zu internen/externen Auditergebnissen im Managementsystem	**Alle**

Thema	Normenforderung	Normenbezug
7 Überwachung und Messung		**Operativ**
Ergebnisse der Analyse von Überwachungstätigkeiten und Messungen Informationen zu Schlüsselkennzahlen zum Managementsystems Änderungsbedarf von Kennzahlen	Informationen zur Prozessleistung im Managementsystem Ergebnisse von Überwachung und Messungen im Managementsystem	**Alle**
Leistung und deren Bewertung von Lieferanten und Dienstleistern	Informationen zur Leistung externer Anbieter	ISO 9001
Leistung und Produkt- und Dienstleistungsqualität und deren Bewertung	Konformität von Produkten und Dienstleistungen	ISO 9001
Anmerkung: Bei der Überwachung und Messung ist auch die Entwicklung (Trend) dieser Ergebnisse zu betrachten.		
8 Fortlaufende Verbesserung		**Operativ**
Informationen zu Verbesserungspotenzial in Prozessen und dem Managementsystem Status von Verbesserungsmaßnahmen und deren Wirksamkeit	Status der fortlaufenden Verbesserung Möglichkeiten zur fortlaufenden Verbesserung im Managementsystem	**Alle**
9 Fehlererfassung und Korrekturmaßnahmen		**Operativ**
Informationen zu Fehlern (z. B. Informationssicherheitsvorfälle) und Korrekturmaßnahmen Informationen zu Korrekturmaßnahmen von Prozessfehlern	Informationen über Status und Entwicklung von Nichtkonformitäten und Korrekturmaßnahmen im Managementsystem Korrekturmaßnahmen zu Nichtkonformitäten	**Alle**
10 Zusammenfassende Bewertung des Managementsystems		**Führung**
Ist das Managementsystem für die Zukunft geeignet, angemessen und wirksam?	Schlussfolgerung zur fortdauernden Eignung, Angemessenheit und Wirksamkeit des Managementsystem	**Alle**
Aussagen zum relevanten Änderungsbedarf am Managementsystem	Änderungsbedarf am Managementsystem	**Alle**
Integration von Forderungen verschiedener Managementsysteme in gemeinsame Geschäftsprozesse	Möglichkeiten zur Integration der Forderungen des Managementsystems in andere Geschäftsprozesse	ISO 14001, ISO 45001
11 Anlagen zur Bewertung		**Operativ**
Unter diesem Punkt werden mitgeltende dokumentierte Informationen aufgelistet. Diese Dokumente müssen nicht körperlich dem Review beigefügt werden. Es reichen Quellenbezüge oder Verweise auf den Ort der Datenspeicherung/Datenablage.	Kein Bezug	**Alle**

Anmerkung: Alle = ISO 9001, ISO 14001, ISO 45001, ISO 27001

Die Dokumente und Informationen, die den Teilnehmern des Managementreviews vorab zur Information zur Verfügung gestellt wurden, sind Teil des Managementreview-Protokolls und werden in die Anlagen zum Review aufgenommen. Gleiches gilt ggf. für eine Liste der Folgemaßnahmen aus der Bewertung.

Im Fall der Integration der ISO/IEC 27001 in ein IMS (ISO 9001, ISO 14001, ISO 45001) muss das Managementreview um drei weitere Themen ergänzt werden. Diese drei Themen sind in nachfolgender Tabelle 8 dargestellt, da sie im Managementreview in der ISO/IEC 27001 nicht vorkommen. Es handelt sich dabei ausschließlich um operative Themen der Führung.

Tabelle 8: Erweiterung des Managementreviews bei Integration in ein IMS

Thema	Normenforderung	Normenbezug
a) Status und Bewertung der Managementsystempolitik (inkl. strategischer Ausrichtung)		**Führung**
Umsetzungsgrad der Politik Änderungsbedarf bei der Politik	Ausmaß, in dem Managementsystempolitik erfüllt wird	ISO 14001, ISO 45001
Änderungsbedarf an der strategischen Ausrichtung	Jegliche Auswirkung auf die strategische Ausrichtung der Organisation	ISO 14001, ISO 45001
b) Analyse bindender Verpflichtungen		**Führung**
Analyse der Rechtsvorschriften und sonstigen bindenden Verpflichtungen Aussage zur Rechtskonformität	Veränderungen bei den bindenden Verpflichtungen Erfüllung bindender Verpflichtungen	ISO 14001, ISO 45001
c) Ressourcenbereitstellung		**Führung**
Aussage zur Angemessenheit der Ressourcen der vergangenen Periode	Bewertung der Angemessenheit von Ressourcen	ISO 9001, ISO 14001, ISO 45001
Aussage zum zukünftigen Bedarf an Ressourcen	Bedarf an erforderlichen Ressourcen	ISO 9001, ISO 14001, ISO 45001

Da diese drei Themen Führungsthemen sind, können sie in einem integrierten Review im Anschluss an das Thema 6 „Auditergebnisse" in die Reviewtabelle als Thema 7 bis 9 eingefügt werden. Weiter geht es dann mit dem Thema 10 „Überwachung und Messung" (alte Einordnung Thema 7).

3.3 Reviewdaten bewerten und Maßnahmen festlegen

Bewertungsschemata

Die betrachteten vier ISO-Normen fordern alle in Normkapitel 9.3 eine Bewertung der Leistungen und der Wirksamkeit von Managementsystemen. Die Methode der Bewertung ist nicht vorgegeben. Sie sollte aber den Sachverhalt klar darlegen. Ohne viele Worte kann man dazu Abstufungskriterien wie Noten, Symbole oder Signale verwenden. Am gebräuchlichsten ist das Schulnotensystem mit seinen Varianten oder die Ampelbewertung anhand der Farben Grün, Gelb und Rot. Während die Ampelbewertung nur drei Differenzierungsstufen der Bewertung kennt, kann das Schulnotensystem bis zu sechs Bewertungsstufen enthalten. In beiden Fällen muss aber klar definiert werden, welchen Sachverhalt die einzelnen Abstufungen bezeichnen und welche möglichen Auswirkungen der Abstufung es gibt.

Schulnotensystem

Eine differenzierte Möglichkeit der Bewertungsabstufung orientiert sich an einem Schulnotensystem, das es in unterschiedlichen Varianten in der Art der Symbolik gibt (z. B. Noten von 1 bis 6 oder Symbole wie +/–). Diese Art der Bewertungssystematik wird auch in vielen Formen der Zufriedenheitsabfrage von Unternehmen verwendet (z. B. Onlinehandel, Autohäuser oder Hotels). Ein Beispiel mit Symbolen zeigt Tabelle 9.

Tabelle 9: Bewertungsschema vereinfachtes Schulnotensystem

Symbol/ Einstufung	Sachverhalt	Auswirkung
++/exzellent	• Erwartungen voll erfüllt • Ziele teilweise übertroffen • Keine erkennbaren Risiken • Keine Abweichungen vom Soll • Anforderungen der Norm voll erfüllt	• Keine Maßnahmen notwendig • Kein Verbesserungspotenzial vorhanden
+/gut	• Keine erkennbaren Defizite • Managementsystemziele fast vollständig erreicht • Keine besonderen Risiken • Vereinzelt Abweichungen vom Soll • Anforderungen der Norm fast vollständig erfüllt	• Vereinzelt kleine Maßnahmen zur Verbesserung sinnvoll
–/akzeptabel	• Erkennbare Defizite • Sachverhalt muss genauer geprüft und bewertet werden. • Ziele zum Teil erreicht • Abweichungen und Probleme erkennbar • Anforderungen der Norm nur teilweise erfüllt	• Maßnahmen zur Korrektur und Verbesserung sollten durchgeführt werden. • Ggf. Verifikation des Maßnahmenerfolgs durchführen
– – /schlecht	• Kritische Abweichung vom Soll • Erhebliche Probleme • Ziele weitgehend nicht erreicht • Gravierende Abweichungen und Probleme erkennbar • Abforderungen der Norm weitgehend nicht erfüllt	• Maßnahmen zur Problembewältigung müssen zeitnah durchgeführt werden. • Zeitnahe Verifikation der Wirksamkeit der Maßnahmen ist durchzuführen
0	• nichtzutreffend	

Ampelsystem

Eine weitere differenziertere Möglichkeit der Bewertung ist die Ampelsystematik in Form einer Abstufung der Farbreihenfolge Grün (sehr zufrieden), Gelb (eingeschränkt zufrieden) und Rot (unzufrieden). Ein Muster dazu zeigt Tabelle 10.

Tabelle 10: Bewertungsschema Ampel

Farbe	Sachverhalt	Auswirkung
Grün	• Alles im guten Bereich • Managementsystemziele fast vollständig erreicht • Keine besonderen Risiken • Keine Defizite • Anforderungen der Norm erfüllt	• Keine Maßnahmen notwendig • Ggf. gibt es noch kleineres Verbesserungspotenzial
Gelb	• Erkennbare Defizite • Sachverhalt muss genauer geprüft und bewertet werden • Ziele nur zum Teil erreicht • Abweichungen und Probleme erkennbar • Anforderungen der Norm nur teilweise erfüllt	• Maßnahmen zur Korrektur und Verbesserung sollten durchgeführt werden. • Ggf. Verifikation des Maßnahmenerfolgs durchführen
Rot	• Kritische Abweichung vom Soll • Ziele weitgehend nicht erreicht • Erhebliche Probleme • Gravierende Abweichungen und Probleme erkennbar • Anforderungen der Norm weitgehend nicht erfüllt	• Maßnahmen zur Problembewältigung müssen zeitnah durchgeführt werden. • Zeitnahe Verifikation der Wirksamkeit der Maßnahmen ist durchzuführen.

Darüber hinaus gibt es in der Praxis noch weitere Stufenbewertungssysteme. Die endgültige Auswahl des Bewertungsverfahrens sollte sich auch im Hinblick auf die Erfahrung und Akzeptanz an den in der Organisation gebräuchlichen Verfahren orientieren.

Bewertung diskutieren

Die Bewertung durch die oberste Leitung und die anderen Führungskräfte erfolgt im Rahmen einer Diskussion über die zur Bewertung anstehenden Fakten, z. B. ob die Ziele des ISMS und der anderen Managementsysteme alle erreicht sind oder ob es Abweichungen bei einigen Zielen gibt. Das Nichterreichen oder die Teilerreichung von Ziele muss dokumentiert werden, und bei den Maßnahmen muss ein Eintrag erfolgen, auf welchem Wege eine Zielerreichung noch möglich ist oder welche Ersatzmaßnahmen ergriffen werden können.

3.4 Ergebnisse dokumentieren und Maßnahmenplan erstellen

Protokoll zum Managementreview

Das Ergebnis der Bewertung der Fakten zum ISMS (und des mitgeltenden IMS) sowie die getroffenen Entscheidungen zu Maßnahmen werden in einem Protokoll zum Managementreview dokumentiert.

Wenn man das Managementreview vom Umfang her begrenzen möchte, muss man die zurzeit gängige Praxis des Aufbaus von Reviews betrachten. In der Regel wird jedes zur Bearbeitung anstehende Thema des Reviews, z. B. „Audits", in drei Schritten dokumentiert:

1. Beschreibung des Ergebnisses des Managementsystems (gemäß den Eingaben),
2. Bewertung des Ergebnisses inkl. des Bewertungsergebnisses,
3. ggf. Folgemaßnahmen aus der Bewertung, wenn erforderlich.

Schritt 1 am umfangreichsten

Unter Schritt 1 wird der derzeitige Sachverhalt (Fakten) des Themas beschrieben oder über eine Grafik abgebildet. Diese Informationen sind bereits in anderen Dokumenten des Managementsystems enthalten, z. B. im Berichtswesen zum ISMS, QMS, UMS, SGA-MS oder Teilen davon, dokumentierten Daten aus dem Controlling, Auswertungen und Protokollen aus den Prozessen oder den relevanten Managementsystemen selbst, z. B. Kennzahlenlisten, Auditberichten, Untersuchungsberichten zu Informationssicherheitsvorfällen. Das alles erfordert Platz, und so ist es kein Wunder, wenn mehr als 50 % des benötigten Platzes im Review auf Schritt 1 entfallen. Danach folgt die Bewertung in Schritt 2 und ggf. in Schritt 3 das Formulieren von Maßnahmen, wenn das Ergebnis der Bewertung den Erwartungen der obersten Leitung nicht entspricht. Der Platzbedarf für die dokumentierten Informationen zu diesen beiden Schritten ist in der Regel deutlich geringer als der zu Schritt 1.

Umfang durch geeignete Darstellung reduzieren

Treiber für die Ausweitung des Umfangs des Reviews ist also die Darstellung der Fakten. Bezüglich Schritt 1 wäre es daher besser, die Darstellung der Fakten auf Stichworte zu beschränken und ergänzend einen detaillierten Quellennachweis (ggf. Link) einzufügen. Die Bewertung in Schritt 2 muss nicht in Prosa vorgenommen werden, sondern kann über eine Einstufungssystematik, z. B. Schulnotensystem, erfolgen. Wenn notwendig, können auch dazu ergänzende Informationen über Stichworte gegeben werden. Der Schritt 3 „Maßnahmen" kann auch über Stichworte (z. B. Maßnahme x: Ziele überarbeiten) dargestellt werden, erfordert dann aber den Verweis auf einen Maßnahmenplan (kann auch elektronischer Natur sein), der die Details zu der geplanten Maßnahme enthält.

Der Umfang des Managementreviews wird auch bestimmt durch die Zahl der Managementsysteme, die in einem Review zusammengefasst werden. In unserem Beispiel sind es vier Systeme. Das erfordert schon Geschick, sich auf das Wesentliche zu beschränken. In fast allen der 13 Themen habe ich ein vierfaches Bewertungsergebnis. Sei es beim Unternehmenskontext (Thema 3), der im Umweltbereich ggf. andere Ergebnisse als im Qualitätsbereich liefert, oder beim Thema 7 „Überwachung und Messung", wo jedes Managementsystem andere Kennzahlen zur Leistungsüberwachung von Prozessen oder Produkten hat. Dann gilt es zu priorisieren, welche Kennzahlen sind für ein Managementsystem die Key-Performance-Indikatoren sind, um sich dann auf die wesentlichen drei bis fünf Kennzahlen pro System zu beschränken.

Auf diesem Wege lässt sich der Umfang des dokumentierten Ergebnisses des Managementreviews auf das Notwendigste begrenzen, und aus einer (ungeliebten) Pflicht kann ein übersichtliches, akzeptiertes Führungsinstrument werden.

Unterschrift

Das Erstellen des schriftlichen Protokolls zum Managementreview ist eine klassische Aufgabe für den Verantwortlichen der Managementsysteme (ggf. auch externen Berater). Aus formalen Gründen ist eine Freigabe des Managementreviews durch die oberste Leitung notwendig. Das kann geschehen durch eine Unterschrift unter das Protokoll oder durch eine elektronische Signatur, wobei es nicht unüblich ist, dass der oder die Managementsystemverantwortliche(n) für das ISMS und die drei anderen Systeme des IMS das Protokoll mitunterzeichnen. Das Managementreview liegt zwar in der Verantwortung der obersten Leitung, letztlich ist es aber eine Gemeinschaftsleistung aller Führungskräfte.

Anforderungen an Maßnahmenpläne

Die im Managementreview beschlossenen Managementsystemziele und Maßnahmen können im Protokoll des Managementreviews dokumentiert werden. Um das Review vom Umfang her weiter zu begrenzen, kann die Dokumentation von Zielen und Maßnahmen in separaten Anhängen zum Protokoll erfolgen. Dabei sollte beachtet werden, dass Maßnahmenpläne in Managementsystemen ein Mindestmaß an Informationen und Festlegungen enthalten müssen (z. B. Umsetzungsverantwortung, Zeitrahmen, Ressourcen etc.).

Maßnahmenplan.xlsx

Ein Muster eines solchen Maßnahmenplans, das Sie an Ihre Bedürfnisse anpassen können, haben wir als Excel-Dokument beigefügt.

Im Fall einer elektronischen Ziel- und Maßnahmenverfolgung, z. B. durch ein Computer-Aided-Quality(CAQ)-System, kann eine Maßnahmenliste auch entfallen, wenn im Protokoll des Reviews ein Verweis (Pfadangabe) auf das genutzte Tool gegeben wird.

Kennzahlenmatrix

In gleicher Weise kann mit neuen oder geänderten Kennzahlen und den dazugehörenden Zielwerten verfahren werden. In der Form einer Kennzahlenmatrix sind sie für eine weitere Bearbeitung und Verfolgung auch besser zu handhaben.

Managementreview zur ISO/IEC 27001 im IMS

4 Nach dem Review ist vor dem Review

4.1 Kommunikation der Ergebnisse des Managementreviews

Feststellung der Wirksamkeit

In vielen Organisationen und Unternehmen ist mit der Erstellung des Protokolls das Managementreview beendet und dient ggf. noch als Prüfgegenstand für den Zertifizierungsauditor. Eine normative Kernforderung an das Managementreview ist die Feststellung der Wirksamkeit des ISMS und/oder IMS. Das setzt voraus, dass die Mitarbeiter und Führungskräfte darüber eine Information erhalten, wie ihr Einsatz für das Managementsystem zur Wirksamkeit in der Vergangenheit beigetragen hat und in Zukunft beitragen soll. Um das zu erreichen, ist eine fundierte und ausreichende Kommunikation zum Managementreview verbunden mit zielorientierter Information notwendig. Kommunikation ist ein entscheidender Erfolgsfaktor zur Bewusstseinsbildung über die Bedeutung der implementierten Managementsysteme in der Organisation.

Kommunikationswege

Die Wege der Kommunikation und deren Medien kann die Organisation frei wählen. Es bieten sich zum Transport der Information folgende Wege an:

- direkte Information durch die oberste Leitung (z. B. Meeting),
- das Intranet der Organisation,
- auf schwarzen Brettern oder Bildschirmen in häufig frequentierten Unternehmensbereichen,
- in der Unternehmenszeitung,
- auf im Unternehmen ausgelegten Flugblättern oder Flyern,
- im Verbund mit betrieblichen Unterweisungen zu anderen Themen (z. B. Qualität, Umwelt- oder Arbeitsschutz),
- ggf. andere von der Organisation genutzte Kommunikationswege.

Fassungen für unterschiedliche Adressaten

Neben dem, was und wie kommuniziert wird, ist es ebenso wichtig, wer welche Informationen in welchem Detaillierungsgrad erhält. Dazu machen die ISO/IEC 27001 aber auch die anderen Normen des IMS keine Aussage und legen die Entscheidung darüber in die Hände der obersten Leitung.

Die oberste Leitung sollte darüber entscheiden, wie und welche Ergebnisse des Managementreviews für die Mitarbeiter und Führungskräfte bereitgestellt werden sollen. Angesichts des unterschiedlichen Informationsstands in der Organisation ist das Protokoll zum Review in seiner Ursprungsfassung meist nur für höhere und mittlere Führungskräfte verständlich. Die anderen Mitarbeiter benötigen eine entsprechende Aufarbeitung des Ergebnisses. Seitens der obersten Leitung sollte die Entscheidung getroffen werden, welche führenden Mitarbeiter das Ergebnis des Managementreviews in der Originalfassung erhalten sollen (z. B. über Netzwerkfreigaben).

Orientierung für die Mitarbeiter

Für den größten Teil der Belegschaft sollten die Kernaussagen des Reviews in eine verständliche Kommunikationsform überführt werden, z. B. in Grafiken oder kurze Tabellen mit Vergleichen (z. B. Soll-Ist, Trenddarstellung). Dabei sollte man auch prüfen, welche Informationen von Bedeutung für die allgemeine Belegschaft sind und welche nicht. Letztere können auch weggelassen werden. Ein lebendes Managementsystem muss von den Mitarbeitern verstanden werden. Dazu ist es notwendig, dass die Mitarbeiter über den Grad der Zufriedenheit der Leitung mit der Leistung des ISMS und ggf. weiterer Managementsysteme Kenntnis haben. Nur so erhalten sie eine Orientierung über den aktuellen Status des ISMS und des IMS. Noch wichtiger ist aber zu wissen, „wohin die Reise zukünftig gehen soll", also eine klare Formulierung der Erwartungen der Leitung für die nähere Zukunft in Form von

Zielen, die das Unternehmen erreichen will, und Erwartungen, die dabei an die Mitarbeiter gestellt werden.

4.2 Nachverfolgung des Managementreviews

In der Praxis kümmert man sich häufig erst kurz vor dem nächsten Managementreview aktiv um die Umsetzung von Ergebnissen des letzten Managementreviews. Im Sinne einer konsequenten Unternehmensführung ist dieses Vorgehen nicht. Für die Überwachung der Maßnahmen aus dem letzten Review sind nach den Lehren des betrieblichen Controllings kürzere Zeiträume notwendig. In vielen Organisationen oder Unternehmen finden monatliche Leitungsmeetings statt. In ihnen werden Budgeteinhaltung, Auftragssituation, Qualitäts- und weitere Themen, die für den Geschäftserfolg von Bedeutung sind, überprüft und ggf. neue oder weitere Maßnahmen beschlossen, die die Erreichung der vereinbarten Geschäftsziele absichern sollen. Warum nicht auch offene Maßnahmen aus dem letzten Review und Maßnahmen zu zukünftigen Zielen darin einbinden?

Anlehnung an Quartalberichte

Insbesondere bei mittleren und größeren Unternehmen ist es üblich, einen Quartalsbericht zu erstellen. Der vierte Quartalsbericht entspricht dann dem Jahresabschluss in Kurzform. Die Quartalszahlen zeigen die wirtschaftliche Entwicklung des Unternehmens der vergangenen drei Monate. Die Quartalsberichte werden in der Regel auch genutzt, um geschäftliche Entwicklungen in ihrem Trend zu verfolgen und mit den geplanten Jahreszielen zu vergleichen. Das Quartalsergebnis wird in der Regel in der Führungsmannschaft des Unternehmens diskutiert, und ggf. werden auch Maßnahmen der Korrektur beschlossen.

Reduzierte Zwischenreviews

Für eine unterjährige Überwachung des ISMS sowie der anderen Managementsysteme des IMS und seiner wesentlichen Leistungsgrößen ist in der Regel eine quartalsmäßige Überprüfung in Form eines reduzierten Reviews (nur Zahlen/Daten/Fakten) ausreichend. Auf diesem Wege werden vereinbarte Maßnahmen aus dem letzten Managementreview nicht in Vergessenheit geraten. Die Auswahl der zu betrachtenden Reviewthemen sollte auf die gleiche Weise erfolgen wie für das Jahresreview. Die Ergebnisse des Zwischenreviews sollten in einem verkürzten, nur die behandelten Themen umfassenden Protokoll dokumentiert werden. Wenn Ziele oder andere Maßnahmen aufgrund von Ereignissen korrigiert oder geändert werden müssen, ist das im Reviewprotokoll zu vermerken. Das vierte Quartalsprotokoll enthält dann wieder die Ergebnisse des gesamten jährlichen Managementreviews.

Änderung an Zielen und Maßnahmen

Keine Zielsetzung ist für die Ewigkeit in Stein gemeißelt, und die Welt dreht sich auch weiter. Das gilt ebenso für Ziele und Maßnahmen, die aus dem letzten Managementreview abgeleitet wurden. Korrekturen von Fehlentwicklungen und Änderungen zur Anpassung an strategische und/oder operative Gegebenheiten sind Alltagsgeschäft einer jeden Organisation. Damit diese Korrekturen und Änderungen ihre Wirkung entfalten können, ist es unabdingbar, dass sie den Beteiligten, Führungskräften und Mitarbeitern in der Organisation vermittelt und erläutert werden. Dazu ist bei den Zwischenreviews die gleiche Informationskaskade zu nutzen wie bei der Bekanntmachung der Ergebnisse des großen Jahresreviews. Das heißt, die alten Ziele und Maßnahmen müssen ggf. offiziell zurückgenommen werden, und die neuen oder geänderten Ziele und Maßnahmen müssen kommuniziert werden. Dabei ist es von großer Wichtigkeit, dass die Veränderungen von Zielen und Maßnahmen den Betroffenen und Mitarbeitern verständlich erläutert werden.